黄河入海流

——纪念人民治黄七十周年图鉴

黄河河口管理局　编

黄 河 水 利 出 版 社
·郑州·

图书在版编目（CIP）数据

黄河入海流：纪念人民治黄七十周年图鉴 ／ 黄河河口管
理局编.—郑州：黄河水利出版社，2017.10
ISBN 978‑7‑5509‑1876‑4

Ⅰ.①黄…　Ⅱ.①黄…　Ⅲ.①黄河‑河道整治‑东营‑
图集　Ⅳ.①TV882.1‑64

中国版本图书馆CIP数据核字（2017）第269347号

出 版 社：黄河水利出版社
　　　　　地址：河南省郑州市顺河路黄委会综合楼14层　邮编：450003
发行单位：黄河水利出版社
　　　　　发行部电话：0371‑66026940、66020550、66028024、66022620（传真）
　　　　　E‑mail：hhslcbs@126.com
承印单位：河南瑞之光印刷股份有限公司
开本：889 mm×1 194 mm　1／12
印张：18
字数：527 千字　　　　　　　　　印数：1—1 000
版次：2017 年 10 月第 1 版　　　　印次：2017 年 10 月第 1 次印刷

定价：300.00元

本书编委会

▌ 序

在人民治黄七十周年到来之际，我们欣喜地看到，几代黄河人的梦想，如今已变成了现实。黄河，七十年伏秋大汛安澜；入海，四十年流路稳定；惠民，为强国富民带来了永久的福祉。毋庸置疑，我们创造了一个举世罕见的奇迹。

七十年前，作为鲁北著名抗日根据地，最早的解放区，河口地区人民在血与火中率先拉开了人民治黄的帷幕。面对突如其来的"黄河归故"和残破不堪、千疮百孔的黄河堤防，在内战风云诡异莫测的严峻形势下，河口地区人民在共产党领导下万众一心同仇敌忾，手擎"反蒋治黄"大旗，加高加固堤防、险工，组织人民献砖献石，战胜了一次又一次洪峰，迎来了新中国的诞生。

中华人民共和国成立后，人民治黄事业如火如荼。培修堤防，强化险工，整治河道，治理河口，昔日害河成为造福一方的利河。数十年间，建起了叹为观止的水上长城，筑就了确保一方平安的安全保障；引黄灌溉，从无到有，从小到大，17座引黄涵闸矗立黄河两岸，7个引黄灌区灌溉面积达21.75万公顷；黄河下游最早的引黄放淤改土兼淤背固堤措施于1950年在河口地区试验成功，一度成为黄河口人的骄傲；整治河道，调顺河势的控导工程展示着黄河人的聪明才智，在黄河口较早发挥着重大作用；防控凌灾，战胜洪水，黄河人用生命和热血履行"天职"。1958年特大洪水，河口利津站实测流量10400立方米每秒，水位13.76米，超过保证水位1.09米。河口地区党政军民全体动员，在两岸166公里的堤线上，上防队伍15万人，抢修子埝165.5公里，连续奋战6昼夜，战胜了中华人民共和国成立以来的最大洪水。这一时期，一支奋发有为、无私奉献，凝聚着华夏儿女优秀节操的黄河专业队伍不断发展壮大，用心血和智慧续写着人民治黄的辉煌篇章。

改革开放，解放思想，人民治黄迎来了前所未有的大好机遇，同时也面临着新的挑战。1983年，随着东营市的成立，自然状态下的黄河尾闾摆动与

大河胸怀（李忠摄影）

黄河三角洲的全面开发、胜利油田的发展、东营市的规划定点的矛盾日益尖锐，黄河入海流路是否长期稳定，已成为撬起黄河口经济发展的支点。为了河口人民不再受黄河入海频繁改道之忧，为了这方土地的安全与经济发展，"稳定流路，确保安澜"成为黄河口治黄人的不二选择。

其实，人民治黄以来，黄河人为黄河入海寻找出路的脚步一直未停。1976年进行了治黄史上第一次有计划、有目的、有组织的人工改道实践——黄河改道清水沟，由此揭开了河口治理史上"固住河口，稳定流路"的新篇章。

1988年，在清水沟流路河床淤积抬高、支流

汉沟增多、改道迹象日趋明显的情况下，黄河人拿出了"稳定黄河口清水沟流路三十年以上的初步意见"。很快，"市府出政策，油田出资金，河务部门出方案"的三家联合治理方针出台，"截支强干，工程导流，疏浚破门，巧用潮汐，定向入海"的河口治理方略进入实践。这期间，黄河人的智慧和敢于挑战的大无畏精神得到了淋漓尽致的发挥，河口疏浚治理达到了预期效果。河口没有改道，油田安全生产，海港继续建设，外来投资者再次注目黄河口。为进一步稳定清水沟流路，1996年又在入海口段成功实施了清8人工出汉造陆采油工程，缩短了河道流程，畅通了入海口门，大大减轻了"96·8"洪水危害。与此同时，由国家高层决策的河口治理一期工程得以立项与实施。如今，昔日浅海淤积成陆地，石油开采由海上变为陆地，创造出巨大的经济效益；黄河三角洲经济发展日新月异，稳步前行。四十年过去了，黄河流路稳定之梦，已逐步在黄河人手中变为现实。

进入21世纪，河口治黄人意气风发，踌躇满志，在科学发展观的指导下，河口治理越发显现出美好的前景。调水调沙，生态补水，确保黄河不断流，"维持黄河健康生命"这一黄河治理的终极目标在河口得以生动诠释；标准化堤防建设全面铺开，有序前行。展示着治黄人博大胸襟的防洪工程如龙蟠虎踞，抗洪能力空前增强；国内比尺最大、设备最完善、黄河人的智慧结晶——河口物理模型如一粒明珠镶嵌在东营市南郊，它与东营市标志性建筑雪莲大剧院交相

辉映，巍峨壮观。河口物理模型基地将建设成为集科学实验研究、爱国主义教育和人民治黄成就、黄河文化展示为一体的多功能基地，它将为分析研究河口演变规律、提出科学合理的河口治理方案而发挥重大作用；河口治理的方向与原则，河口泥沙的处理与利用，凌汛灾害与防治，水资源与生态环境以及黄河三角洲地区开发与国民经济发展等，一套完整的、有机的、联系密切的河口治理研究体系一步步走向成熟。黄河落天走东海，万里写入胸怀间。河口黄河人在圆满完成各项治黄任务，确保黄河安全，稳定黄河入海流路的治理历程中，与油田、东营市及各级兄弟单位紧密团结，相互支持，形成了一个文明和谐、配合默契的治理环境。

七十年风雨沧桑，七十年砥砺奋进。七十年治黄历程凝聚艰辛，铸就辉煌。在人民治黄七十年到来之际，河口管理局编撰出版《黄河入海流——纪念人民治黄七十周年图鉴》，以全景式的纪实手法，通过图鉴的形式，忠实地反映黄河口人民、黄河口治黄人敢于担当，勇于拼搏的恢宏创业历程。

人民治黄七十年取得的辉煌业绩，带给黄河人的除去欣慰，还有使命。黄河水少沙多的特性不会在短时间内改变，面对着黄河口巨大的发展潜力和在环渤海经济圈、黄河经济带中举足轻重的地位，面对着资源开采、生态维护、经济建设、防洪安全各方利益需求交织的黄河口，如何寻求一条防洪安全、流路稳定、生态健康的多赢之路，黄河口人肩负的使命艰巨而光荣。愿这部图鉴，能达到以图说史，以史为鉴，为今后河口治理起到有益的资政育人作用。

李振五

走向辉煌
——东营人民治理黄河 70 年综述

东营是人民治黄的发源地之一。70 年前，在中国共产党的领导下，这里就建立了渤海解放区，干部群众一手拿枪，一手拿锨，开展了轰轰烈烈的"反蒋治黄"斗争。沿黄人民义务献砖献石 6 万多立方米，扒掉自家的院墙、影壁，把石枕、石磨、盖房的新砖源源不断地送到抗洪前线，完成堤防、险工加高接长、补残、修做箱埽土方 890 万立方米，用鲜血和汗水筑成了水上长城，迎来了中华人民共和国成立的钟声。

中华人民共和国成立后，在党中央、国务院的亲切关怀下，在黄河水利委员会、山东河务局和东营市委、市政府的正确领导下，在胜利油田、人民解放军、武警官兵和市直有关部门的大力支持下，东营人民迸发出磅礴的热情和力量，团结奋战、除害兴利、标本兼治，使千年害河变成"黄金河"，黄河开始走向造福人民的新征程。

——加强工程管护，建成了较为完备的防洪工程体系。先后于 1952 年、1962 年、1975 年对临黄大堤进行了三次大规模的加高培厚。1983 年成立东营治黄机构以来，共加高帮宽堤防 147.305 公里，加固大堤 214.60 公里，硬化堤顶道路 115.631 余公里，新建、改建险工 43 处 227 段坝，在河道内新（续）建、加固控导护滩工程 23 处 180 段坝，共完成土方 3997.34 万立方米，石方 89.41 万立方米，累计完成各类防洪工程建设投资 12.97 亿元，形成了较为完备的防洪工程体系。持续进行工程管理维护，工程管理水平不断提高，工程面貌日新月异，目前全局有 18 项工程被评为黄委、省局"示范工程"。2015 年通过竣工验收的河口模型试验厅、模型制作及附属工程，加快了黄河治理开发与管理现代化的进程。

——防洪防凌并举，确保了 70 年伏秋大汛岁岁安澜。70 年来，东营市坚持把确保防洪防凌安全作为治理黄河的中心任务来抓。严格落实了以行政首长负责制为核心的各项防汛责任制，修订完善了各项预案和抢险方案，开展了汛前工程普查和河势查勘。此外，不断加强防汛队伍建设，组成了武警抢险队，完成了上级组织的防御大洪水演习，积极开展油地军黄河防汛联合演习，多次举办防汛抢险技术培训班。依靠较为完备的防洪工程体系和非工程措施，加上沿黄军民和黄河职工的严防死守，战胜了历次洪水，确保了黄河洪水安全入海。在战胜历年洪水的同时，还与黄河凌汛进行了艰苦卓绝的抗争。中华人民共和国成立初期，利津王庄、五庄两次凌汛决口，得到迅速堵复，很快恢复生产，将损失降到最低。安全度过了 1969 年和 1970 年有史罕见的三封三开的严重凌汛，战胜了 1973 年因冰坝而发生的高水位凌洪，修建了面积达 123.3 平方公里、设计库容 3.2 亿立方米的南展宽工程，有效解决了 30 公里窄河道防凌问题。不断加强凌汛监测，开发了 3G 移动监视系统，实现了凌情实时观测，有力保障了滩区群众的生命和财产安全，为人民群众安居乐业和经济社会发展创造了安全环境。

——统一科学调度，确保了黄河干流 17 年不断流。20 世纪 70~90 年代，黄河连年出现断流，断流最严重的 1997 年达到 226 天，东营市水资源供需矛盾日益突出。1999 年，在国家授权黄委对黄河干流水量实施统一调度后，坚持实时调度、精准调度、科学调度，圆满完成了 19 次黄河调水调沙，最大限度地保障了东营市供水需求，使有限的黄河水发挥了最大的效益，有力地促进了全市社会稳定和经济的快速发展。

——加大治理力度，实现了河口入海流路稳定行河 40 年。历史上，河口入海流路长期处于淤积—延伸—摆动—改道的恶性循环之中，严重制约了三角洲经济社会的发展。根据河口泥沙淤积延伸的特点，分别于 1953 年、1964 年、1976 年进行 3 次人工改道。为稳定黄河入海流路，市政府、胜利油田和河务部门联合进行了以长期稳定清水沟流路为目标的培修防洪大堤、河口疏浚、挖河固堤等治理措施，提高了河口工程防洪能力，改善了河道边界条件，稳定现行清水沟流路 40 年，改变了历史上河口地区任其摆动泛滥"十年一改道"的不稳定局面，为河口地区经济社会发展和胜利油田的开发建设提供了安全、稳定、和谐的有利环境，促进了全市经济社会的持续健康发展。

70 年来，引黄兴利、惠民利民，谱写了河口地区人水和谐的新篇章。

——优化水资源配置，大力发展引黄供水事业，为东营经济社会发展和胜利油田开发建设提供了宝贵水源。作为东营市主要的淡水资源，黄河水是东营市人民赖以生存和发展的基本条件。1950 年，利津綦家嘴率先建成了黄河下游第一座引黄放淤闸，此后，河口地区引黄灌溉从无到有，从小到大逐步发展起来。目前，全市共有引黄涵闸 17 座，在用涵闸 9 座，扬水站（船）21 座，最大引水能力 505 立方米每秒，最大年引水量 15 亿立方米，建成引黄灌区 12 个，规划灌溉面积 500.03 亩（1 亩 =1/15 公顷），实际灌溉面积 272.76 万亩，有力地促进了河口地区农业生产的发展。1983~2016 年已累计引用黄河水 316.80 亿立方米，满足了东营市、胜利油田和济军基地生产、生活、生态用水需求，取得了显著的社会效益、经济效益。贯彻生态文明建设理念，连续 8 年实施了黄河三角洲生态调水，累计补水 1.48 亿立方米，连续 6 年实施刁口河流路生态调水，累计过水 16212.32 万立方米，恢复退化湿地面积 25 万余亩，增加水面面积 7.5 万亩，维持和改善了河口地区生态环境。

——不断自主创新，科学利用黄河泥沙资源，开创了以河治河、科技兴河的伟大壮举。巧用黄河泥沙机淤固堤、淤地改土、支持城镇建设，实现了黄河泥沙资源化利用，是黄河职工因地制宜、自主创新、科技兴河、以河治河的伟大创举。1950 年在利津綦家嘴首次试验成功的引黄放淤改土兼淤背固堤措施，为减沙、用沙开辟了一条新渠道，在全河迅速得到推广。由自流沉沙、提水淤背发展到常年机淤固堤，既加固了堤防，也减缓了河道淤积抬高，保护了两岸耕地。目前，全局堤防淤背长度已达到 122.404 公里，淤区宽度为 80~100 米，完成淤背土方 1209.60 万立方米，有效地增强了大堤强度。自 1970 年实施放淤试验成功开始，我市积极利用各引黄放淤闸放淤改土，改造盐碱地，使大片不毛之地变成了良田沃土。

——实施了黄河堤防绿化美化，营造了良好的人居环境。种植防浪林 49.15 公里。沿黄两岸临河防浪林、堤顶行道林、背河生态林，已经成为一道名副其实的绿色生态长廊和防沙御沙屏障。在重点险工堤段开展了景区建设和绿化美化，建成国家级水利风景区 2 处，利津河务局被评为山东省绿化先进单位。

70 年来，统筹兼顾，改革创新，创造了行业综合管理的新业绩。

——治黄改革持续推进。稳妥实施了机构改革，重点强化了防汛抗旱、水行政管理、水资源开发利用、工程建设与管理等职能。十八届三中全会以来，围绕"事业发展、职工关切"两大主题，积极实施深化治黄改革，有序推进了水管体制、水行政综合执法、纪检监察体制改革、抢险队整合等改革举措，

稳步实施事业单位绩效工资改革，理顺了体制机制，改革初见成效。

——党的建设全面加强。全曲落实党的建设各项任务，较好地发挥了党组织的战斗堡垒作用和党员的先锋模范作用。认真履行主体责任和监督责任，狠抓作风建设。健全完善各项规章制度，管理工作更加科学、规范、高效。强化"中心组"学习制度，各级领导班子和党员干部执行能力、综合素质得到显著提高。精神文明建设成果丰硕，河口管理局及所属四个县（区）局均步入省级文明单位行列。垦利河务局被中华全国总工会授予"全国模范职工之家"荣誉称号。

——依法治河管河水平显著提升。加强普法宣传，抓住重要节点和重大案件等关口，强化普法措施，做好法治文化阵地建设，探索新颖有效的法制宣传教育形式和途径。完善水行政执法工作的综合、联合机制，定期开展联合执法检查，严厉打击各类水事违法行为，加大对涉河项目的监管。完善、推

广了远程巡视巡查系统，提升水行政执法的信息化能力。河口管理局水政处获得全省"六五"普法先进集体。

——职能优势得到充分发挥。积极参与四川汶川大地震抢险救灾，全局 933 名职工自发捐款 19.99 万元，384 名党员缴纳特殊党费 11.9 万元，单位捐款 39 万元。依托抢险技术和抢险装备优势，先后派出两批共 100 余人组成黄河防总第四机动抢险队奔赴灾区，实施了绵竹市石亭江河道疏通和马尾河水库除险两项工程，共开挖、填筑、拆除土石方 5.7 万立方米，圆满地完成了抗震救灾抢险任务，被全国总工会、省总工会、省组织部授予"工人先锋号""支援抗震救灾先进基层党组织"等荣誉称号，河口管理局被东营市委、市政府表彰为"支援四川抗震救灾先进集体"。积极参与全市脱贫攻坚和新农村建设，推进黄河滩区安全建设和南展区移民搬迁，在解决防洪安全和滩区发展的矛盾方面迈出了关键性的一步。

黄河口堤防

序

走向辉煌
——东营人民治理黄河 70 年综述

目录

黄河口湿地落日（孙志遥摄影）

长河落日圆

第一章
力挽狂澜（1946~1949）

战胜洪水

人民治黄的开端
——波澜壮阔的黄河归故斗争

抗日战争胜利后，国民政府决定修复花园口大堤，引黄河回归故道，并在1946年2月特设黄河堵口复堤工程局，负责堵口工程。国民政府的这一举措引起社会各界的广泛关注。

引黄河回归故道的主张，在当时得到了国内多数民众的支持，中共中央从全局出发也确定了不反对黄河归故的立场。但为了确保黄河故道下游地区尤其是解放区人民群众生命财产的安全，中共中央明确提出花园口堵

复工程必须在下游修复好堤坝、疏浚好河道、抢修完险工和妥善迁移安置河床居民的情况下进行。因黄河南流8年之久，山东故道千余公里旧堤经战争破坏和风雨侵蚀已经残破不堪，原有堤防设施基本荡然无存。河床内土地大部分开垦为农田，新建村庄1400多个，约有60万人在其中居住耕作。如不先行复堤浚河、抢修险工和迁移河床居民，将会制造出第二个黄泛区。

鉴于中国共产党的严正立场和迫于国际国内舆论的压

在中国共产党的领导下解放区沿河人民展开了反蒋治黄的

黄河下游解放区展开了声势浩大的"反蒋治黄"斗争（转载自黄河水利委员会1955年编印的图片集《黄河》）

力，国民党当局同意与中共方面商谈有关黄河堵口复堤问题。1946年4月7日与4月15日，以中国共产党领导的解放区代表为一方，以国民政府黄河水利委员会代表为另一方，并有联合国善后救济总署代表参加的多方谈判分别达成和签订了《开封协议》和《菏泽协议》。其中《菏泽协议》进一步明确了先复堤浚河、整理险工地段、迁移河床居民，待复堤工程竣工后再行花园口大堤合龙的原则。但出于对中共政治与军事等方面斗争的需要，《菏泽协议》签订后的第二天，国民党中央通讯社发布了"黄河堵口、复堤，决定两个月同时完成"的消息，否定了《菏泽协议》所确定的基本原则，从而迫使解放区人民不得不开展一场"反蒋治黄"斗争。

针对当时局势，渤海解放区党政军民动用一切宣传工具，揭露国民党当局欲"水淹解放区"阴谋，宣传中国共产党先复堤后堵口的正义主张。黄河沿岸各县士绅贤达和群众发起签名抗议运动，呼吁沿黄人民群众团结起来，共同与国民党当局无理破坏《菏泽协议》的行为进行坚决斗争。5月18日，在中共中央军委副主席周恩来的直接参与和斡旋下，国民党当局在前两个协议的基础上签订了《南京协议》。一是下游复堤工作争取在6月5日前开工，复堤工程所需的一切器材、工粮、工款由"联总"（联合国善后救济总署）、"行总"（国民党行政院善后救济总署）、水利委员会尽快提供。二是迁移黄河故道居民的救济等迅速核定办理。三是抛石堵口视下游复堤工程进度情

况，由双方协商进行，以不使下游发生水患为原则。

《南京协议》签订后，为确保治黄复堤工程顺利进行，渤海区行署成立了河务局，垦利、利津、蒲台、惠民、齐东（邹平）等沿黄各县成立了治河办事处，各县县长兼任办事处主任。同时成立渤海区修治黄河工程总指挥部，下设西、中、东三个分指挥部及各县指挥部。自5月28日起，一场与洪水争速度，为解放战争抢时间，以复堤整险自救为中心的"反蒋治黄"运动在沿黄各解放区达到高潮。

渤海解放区故道堤防长90多公里，渤海区行署除动员沿河11个县的民工参加复堤外，还组织了沾化等8个邻近县的民工进行支援，上堤民工达到了20万人，整个复堤工地气氛热烈，场面壮观。当时最缺的是石料，在战争环境和国民党封锁下，解放区是无法远途采运石料的。为保证修堤抢险用石，解放区开展了大规模的"献砖献石，治黄修险"活动，提出了"多献一块石，多救一条命"的响亮口号。人民群众拆除旧墙，献出门枕石、石碑、墓碑，有的还献出盖房用的新砖，用自家的车辆运到治河工地。

1947年3月，山东黄河复堤工程进入最关键时刻。15日，国民党当局不顾下游堤防施工情况，强行堵住了花园口口门，滔滔黄河水提前流入了下游解放区故道。23日，黄河水重返利津县境，流量约600立方米每秒。4月中旬，黄河桃汛至，河水暴涨。花园口流量达2700立方米每秒。"反蒋治黄"斗争进入了最艰苦、最险恶的阶段。

为阻止解放区人民的支前活动，国民党军队阻挠、破坏解放区复堤修险的行为愈演愈烈。派特务袭扰治黄队伍，出动飞机轰炸、扫射治黄工地，抢夺解放区抢险救灾物资，给下游复堤抢险带来极大的困难。1947年7月，利津县大马家堤段先后有15处埽工被炸出险，大堤坍塌几近大半。面对国民党军队对治黄工程的狂轰滥炸，7月20日，山东省河务局致电联合国善后救济总署中国分署，抗议国民党军机在渤海区黄河两岸轰炸扫射的犯罪行为。同时，解放区军民机智应对。抢险员工冒着生命危

灯台埽（转载自《黄河》）

险，出入于国民党飞机的轰炸扫射之中，飞机一来就躲开，飞机一走就抢修，经过近一个月的拉锯战，大堤抢修、险工整险相继完成，取得了解放区"反蒋治黄"的初步胜利。1948年底，为纪念这一来之不易的胜利，渤海解放区于12月召开了庆祝黄河安澜大会。

发生在现代治黄史上的"反蒋治黄"斗争，距今已过去70个春秋，中国社会也已经发生了翻天覆地的变化，但是它留给后人的思考却是永久的。"得道者多助，失道者寡助"，解放区军民之所以能在那么险恶的条件下取得斗争的最后胜利，其根本原因就在于中国共产党的主张和行动代表了人民的根本利益，赢得了民心，获得了最广大人民群众的支持。

渤海解放区黄河治理机构相继建立

1946年4月，渤海区修治黄河工程总指挥部宣告成立，渤海区行署主任李人凤任总指挥。4月15日，渤海区行署发布训令，决定在垦利、利津、蒲台、惠民、齐东（邹平）等县建立治河办事处，由县长兼任办事处主任，负责本辖区黄河治理工作。位于黄河入海口的利津、垦利两县分别在利津县城、朱家屋子（1946年8月9日迁至今利津集贤村）设立办事处。5月14日，山东省政府主席黎玉签署命令，任命江衍坤为山东省河务局局长并赴渤海区行署与

渤海区修治黄河工程总指挥部合署办公。至6月8日，渤海区行署发布指示，要求各县将治河办事处由临时机构改为常设机构，并指出，河务局业已正式成立，局长江衍坤、副局长王宜之均已到职任事，嗣后各县办事处应直接对河务局负责，建立垂直系统，以加强该局领导。同时强调，该局初成立，各县应多方对其协助，俾利河防工作。

1948年8月1日，渤海区党委、行署决定成立渤海区治黄总指挥部，王卓如任总指挥，江衍坤、

钱正英任副指挥。即日起正式办公并通令沿河各县成立防汛指挥部，发起群众性的查堤复堤运动。

1949年11月，山东省人民政府为加强河防领导，决定成立河务局洛北、清河、垦利分局。垦利分局（驻利津县城内）辖惠民、滨县、蒲台、利津、垦利五县办事处。田浮萍任垦利分局局长，张汝淮任副局长。

1946年4月，渤海区修治黄河工程总指挥部正式成立，并通令沿河各县于5日前成立指挥部，在各险工设防，10日前组织完成沿河各村防汛队。图为渤海区行署召开会议，研究部署治黄工程。左起第五为渤海区行署主任李人凤，第六为江衍坤（李人凤摄影）

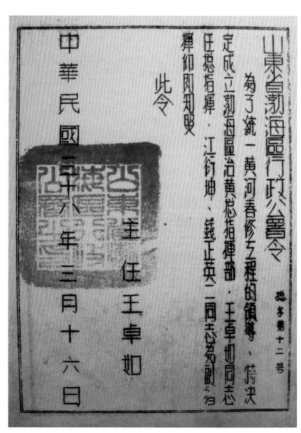

为了统一黄河春修工程，渤海区行政公署成立渤海区治黄总指挥部，王卓如任总指挥，江衍坤、钱正英任副指挥

1946年渤海区修治黄河工程总指挥部成立后，各沿黄县迅速成立指挥部。图为领导全区人民治黄抢险的沿黄各县指挥部的指挥们（李人凤摄影）

李人凤与治黄

1946年，李人凤在向山东分局汇报工作时，谈到治理黄河对根据地建设具有政治、经济和军事上的重大意义。山东分局对李人凤的意见十分重视，经研究，调鲁中行署秘书长江海涛负责治黄工作，并成立了治黄委员会（后改为黄河河务局），李人凤兼委员会主任，江海涛任副主任。沿河各县都成立了治黄工作机构，修治黄河工程开始。其间，李人凤直接参与领导了渤海区人民在黄河归故问题上的正义斗争，并多次亲临各治黄工地视察、指导。

1946年4月7日，解放区代表与黄河水利委员会代表签订了《开封协议》，商定堵口、复堤两项工程同时进行。随后，国民政府黄河水利委员会黄河堵口工程局局长赵守钰、总工程师陶述曾，黄河水利委员会山东筹备处主任孔令瑢和"联总"代表、美籍顾问塔德等开始对黄河下游菏泽至入海口一段进行实地勘察和调查。4月11日晚，赵守钰等一行10人抵达利津县城。利津县人民政府转达了渤海区党委、行署对复河修堤的意见。之后，陶述曾、

孔令瑢等人又专程到渤海区行署机关驻地听取了李人凤主任关于堵口复堤工程问题的意见。李人凤提出：一是先复堤而后堵口，以免下游人民遭受灾害。二是黄河入海区（垦利县）过去无堤，此次修堤时应同时修筑新堤。三是垦利县于黄河故道处建立的200余个新村，及其他县河堤河床内新垦土地、房屋、居民损失皆应予补偿。四是为保证完成修堤浚河任务，渤海区人民必须有自己的代表参加治黄机构。

注：据《李人凤画传》（李克进主编，中央文献出版社2011年出版）载，抗战前李人凤有一定的摄影基础。1939年缴获了一部日本制造有自拍功能的相机，他自配了洗印、放大设备，随身携带，走到哪里拍到哪里。直到"文化大革命"后，还残存下数百张照片。目前搜集到的有关渤海区人民治黄初期的图片，大多是李人凤拍摄的。20世纪80年代后原渤海区范围内各县、市、区以至中央有关单位不断采用这些照片。他的这项业余爱好，为革命历史研究做出了特殊贡献。

李人凤（1911~1973），山东临淄人，创建渤海抗日根据地政权的主要领导人之一。1940年秋任清河专署专员，后任渤海区行署主任。1946年5月任渤海区修治黄河工程总指挥部指挥，协同山东河务局进行"反蒋治黄"斗争

1947年8月，山东省河务局从滨县孙家楼村迁至利津县三大王村办公，局卫生所设在大牛村。图为卫生所所址

（局部）1946年渤海区修治黄河工程总指挥部领导与民工模范合影。前排左一为利津县县长王雪亭，左二为苏峻岭（利津治河办事处工程股长），右二为渤海区修治黄河工程总指挥部总指挥李人凤（李人凤摄影）

花园口堵复在即，利津参议会面呈意见书

　　1946年4月16日《渤海日报》报道：1946年4月《开封协议》达成后的第二天，国民政府黄委会赵守钰、孔令瑢、陶述曾和联合国善后救济总署塔德、范海宁等9人，在解放区代表赵明甫、成润的陪同下，开始对黄河下游我渤海区黄河故道损毁情况进行查勘，拟定具体修复计划。4月11日晚抵达利津城，利津县民主政府予以热情招待，并转达渤海行署复河修堤三点意见。第二天孔令瑢、陶述曾留利津，赵守钰在成润陪同下赴垦利县八大组、杨家嘴一带考察黄河入海口情况。

　　当这一消息传出后，利津县参议员即代表全县人民会见孔令瑢主任、陶述曾工程师和成润等，面陈复堤修河意见书，要求：

　　1. 先修堤而后改道；

　　2. 妥善照顾因修黄河改道而影响生产之群众；

　　3. 彻底改革以往河防工作之弊端；

　　4. 必须由地方民主政府参加领导，地方公证人士负责监督；

　　5. 发扬民主，倾听群众意见。

　　恳请孔、陶、成等允将意见代为转达。

1946年4月5日，利津县参议会成立。图为参议会驻会人员合影。前排右二为参议长邢钧，右三为副参议长张鹤亭

1946年4月，联合国善后救济总署塔德一行到黄河下游视察，查看堤防、险工

山东黄河河务局驻利津、垦利办事处相继成立

1946 年 8 月，山东黄河河务局驻利津办事处成立，县长王雪亭兼任办事处主任，张芳春、王砚农、孟兆德任副主任。1948 年 1 月，李伯衡任主任，同年 10 月，张汝淮接任李伯衡任利津治河办事处主任。

8 月 9 日，垦利县治河办事处正式办公，主任由县长刘季青兼任，杜更生、蔡恩溥先后任副主任、主任，驻地在今利津县陈庄镇集贤村。管辖范围为左岸自南岭以下，右岸自西冯以下。

办事处下设总务、工程、动员救济股，各设股长 1 人，干事、技术员若干。同时设河防队、工程队，统属治河办事处领导。河防队设队长、指导员各 1 人，队员 50~100 人。其主要任务是保护修堤除险工程正常进行，与国民党军干扰、阻挠复堤整险的罪恶行径进行斗争。工程大队为部队建制，配备武器，开展军事训练，有仗打仗，无仗修堤，"一手拿枪，一手拿锨，用血汗粉碎蒋、黄的进攻"。

张汝淮，1944 年任利津抗日民主政府财粮科科长，后接替李伯衡任利津治河办事处主任

李伯衡，1948 年任利津治河办事处主任

刘洪彬，1946 年任利津治河办事处工程股副股长、股长

1946 年利津治河办事处组织现况干部配备统计表（现存利津档案馆）

1948年11月利津治河办事处机关人员合影。经滨州市河务局几位老同志辨认，中排左一为薛其汉，左三到左五分别为张裕东、张汝淮、李伯衡，左七为刘洪彬，后排左起第三为冯寿岳，前排右起第二为宋佃胜（张忠提供）

一手拿枪，一手拿锨，用血汗粉碎"蒋、黄"的进攻

面对洪水的考验，河口地区人民在共产党和民主政府的领导下，成立了治河机构，在战火中拉开了人民治黄的序幕。上有敌机轰炸扫射，中有滔天洪水，对岸是国民党军队的炮火，还有敌特与还乡团的破坏以及残破不全的险工堤防……在如此残酷的环境中，解放区人民高举"反蒋治黄、保家自卫"的大旗，与洪水展开了一场殊死搏斗。

广大人民群众义务献砖献石 6 万多立方米，软料、木桩无数，将原来残破不全的堤防、险工加高、补残、箱垛，接长了左岸四段、右岸渔洼以下的民坝 36.1 公里，新修了王庄、綦家嘴套堤和麻湾、前左险工，加修了麻湾皇坝，完成土方 890 万立方米。仅 1947 年 5 月 25 日至 7 月 20 日，渤海解放区沿黄 19 个县动员民工 20 万人，完成复堤土方 416.4 万立方米。经过解放区党、政、军、民的奋力抢护，战胜了黄河归故后的首次大汛和 1949 年花园口站 12300 立方米每秒流量的洪峰，取得了"反蒋治黄"斗争的全面胜利。

《渤海日报》关于利津垦利"治黄、防汛"的消息（利津党史办资料）

1947 年 6 月，利津县綦家嘴险工修坝工地场景

解放区大批的防汛料物源源不断地送到堤防险工

利津县河工劳动模范与行政负责人合影。前排左二为利津县民主政府县长王雪亭，左三为利津治河办事处工务股股长苏峻岭，右三为修治黄河指挥部总指挥李人凤（李人凤摄影）

解放区掀起献砖献石运动

1947年春花园口堵复,黄河回归山东故道。入汛后洪水上涨,原有险工堤段因溜势急湍上提下挫险象迭生,平工堤段因溜势多变又出新险,急需大量砖石料物加固险工堤防。渤海区无石料来源,国民党辖区山场石料禁运解放区。在这关键时刻,渤海区党委、行署号令各专、县党委、政府、驻军,迅速组织发动广大军民及干部职工,积极开展"义务献砖献石、治黄立功"运动,并及时将砖石料物送达险工,支援抗洪抢险斗争。

运动伊始,济阳、惠民、滨县、利津、蒲台、垦利等县委、县政府主要领导带领广大干部、群众,扒城墙、庙宇,拆牌坊、墓碑,卸石枕、石碾、石磨、石砘、碌碡,扒猪圈、鸡窝之砖石,甚至老大娘纺线用的压车石,预备娶亲盖新房购置的砖瓦料都自愿无偿献出。利津县县长王雪亭推小车运送砖石的事迹在民众中引起巨大反响,极大地鼓舞了解放区人民抗击洪水的士气。青壮劳力参加防汛抗险,各村动员妇女、儿童参加送料,利用车拉、牲口驮、人抬、肩背,在泥泞的土路上顶风冒雨将砖、石料物送到麻湾、王庄、前左等险工。当时驻防利津县城的两广纵队成为拆除利津县城城墙、抢运砖石的主力军。据不完全统计,渤海全区先后献运砖石大约有15万立方米,在强化险工埽坝根石、确保堤防安全上起到了重要作用。

运送石料、抢险料物的解放区船只

拆除城墙、寺庙，成立黄河工程专用砖窑厂，加固险工坝岸。图为砖砌石埽

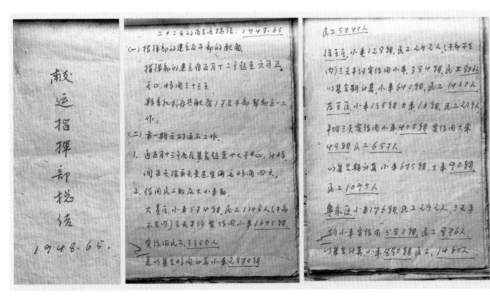

1948 年利津县献运指挥部总结（部分）。总结中对 5~6 月 22 天的献砖献石、运送抢险料物及各区人员车辆出工情况进行了详细统计（现存利津县档案馆）

人民治黄初期献砖献石的印记——刻有字迹的石碑依然镶嵌在麻湾险工北坝头（崔光摄影）

《渤海日报》对解放区人民抢险修堤情况进行了集中报道。图为垦利县抢险、修堤情况的报道

有力出力，有料出料，广大妇女、儿童纷纷加入治黄大军。图为 1947 年 6 月利津县妇女、儿童挑、抬砖料上堤的情形（转载自黄河水利委员会 1955 年编印的图片集《黄河》）

1946 年复堤工作总结（现存利津县档案馆）

木轮小推车（小土牛）是当时的主要运土工具

1947 年 7 月，抢修利津宫家险工民工上土的一个场面

1947 年 6 月，利津宫家险工在紧张施工（孟繁俭提供）

民工们用灯台碹（又称片碹）将土方层层夯实（转载自《人民治理黄河六十年》）

60 年后的宫家险工（崔光摄于 2007 年）

利津复堤中硪工队之一部 一九四七年六月一日

1947年6月1日，利津复堤硪工队合影（局部）

1947年6月1日，利津复堤硪工队合影（孟繁俭、崔光提供）

当年硪工用的碌碡硪（崔光摄影）

利津老董家庄险工修坝情况之一部 一九四六年

1947年6月，利津县老董村险工筑坝施工情形（孟繁俭提供）

国民政府背信弃义，解放区突遭水淹

　　1947 年 3 月 15 日，国民政府背信弃义，违背"先复堤，后放水"的协议，抢先堵复花园口口门，滚滚黄河水经黄河故道流入渤海解放区。24 日，河水进入垦利县境内，水涨至 3 米以上。28 日，朱家屋子以下平均水面宽 5 公里以上，长超过 25 公里。博莱村、毛丝坨、人和区一带 100 多个村庄被水围困。垦利县人民政府组织各级干部和群众，调用大小船只 40 多艘、大车 100 多辆不分昼夜抢救灾民和财物。据人和、民丰、河镇、丰国四个区统计，计 19184 间房屋、17.14 万亩良田、6453 座坟墓被水淹没。

被淹后的村庄

垦利县被淹没的村庄

国民政府堵复花园口口门后，派遣军队、特务，轰炸、扫射、屠杀我修守黄河堤防的干部、民工。图为在解放战争中缴获的国民党军拍摄的一张照片，照片中两个国民党军士兵正把枪口对准对岸
（转载自《黄河》）

滚滚黄河水经黄河故道流入渤海解放区。图为垦利县被淹村庄

解放区人民政府组织大批船只抢救河床里的居民（转载自《黄河》）

被解救的垦利县难民

▌"劳苦功高"王雪亭

利津县民主政府第一任县长王雪亭

在"反蒋治黄"斗争中，利津县民主政府首任县长、山东黄河河务局驻利津办事处首任主任王雪亭身先士卒，带领民工奋战在治黄第一线，受到解放区军民的由衷敬佩。

王雪亭（1911～1979），山东蒲台县王家庄（今博兴县）人。曾任国民党山东保安九团团长。1940年率部起义参加八路军，任八路军山东纵队三支队独立团团长。1944年8月，被选为利津县抗日民主政府县长。1946年兼任利津县治河办事处主任。期间，他与县委书记向旭紧密配合，带领全县人民投入"反蒋治黄"斗争中。他亲临治黄前线坐镇指挥，与民工们同吃同住、同甘共苦。1947年7月22日《渤海日报》以"利津县长亲自挑砖抬土"为题，在显要位置专门报道了王雪亭县长的事迹。同年8月，黄河下游阴雨连绵，水位猛涨。利津县大马家、綦家嘴、王家庄三处险工告急。王雪亭县长率2000名民工扼守王庄险工，冒着狂风暴雨和国民党飞机的狂轰滥炸，集中料物，抢修埽坝，连续奋战十几个昼夜。在退守套堤时，背河出现一个漏洞，王雪亭县长和于祚棠两人率先跳入水中，与60多名抢险队员手挽手探查洞口。发现洞口后，当即投入麻袋、秫秸捆等，经两个多小时的奋战，漏洞抢堵成功，王庄险工转危为安。

王庄险工附近的村民亲眼目睹了王雪亭县长不顾个人安危，倾心治黄的那些日日夜夜，都称赞他是人民的好县长。为表达崇敬之情，他们精心制作了一块匾额，上刻"劳苦功高"四个大字，敲锣打鼓送到了县政府。

王雪亭（中排左一）与利津、沾化两县河工干部成绩优良者合影。中排右一为渤海区修治黄河工程总指挥部总指挥李人凤

张汝淮与他珍藏的老照片

山东黄河河务局原副局长张汝淮珍藏着三幅老照片，分别是利津县抗日民主政府、山东黄河驻利津办事处初建时的留存影像，它载着70年前的历史印记，完好地保存了下来。

张汝淮是山东青州人，1922年生，1940年投身抗日救亡运动并加入中国共产党。1944年，张汝淮被任命为利津县第一任财粮科科长并兼金库主任。1947年5月，张汝淮率领200多辆运粮马车，冒着枪林弹雨，辗转千余里，克服重重困难，圆满完成了支前运粮任务。1948年，在人民治黄艰苦卓绝之时，他先后任利津县治河办事处副主任、主任。

自此后，他把他的一生毫无保留地献给了伟大的人民治黄事业。

张汝淮从事治黄事业40年，在黄河下游许多重大工程施工中担任过指挥、总指挥。黄河下游两岸险工堤防、护滩涵闸遍布了他的足迹。凡是他经历的工程，多年后他都能说出准确的工程量、规模以及施工中的细节与经验。超强的记忆力，高度的责任心，光明磊落顾全大局、严于律己讲求实际的人格魅力让他一度成为黄河上的传奇式人物。2009年1月，张汝淮病逝于济南，享年87岁。

1944年张汝淮任抗日民主政府财粮科科长

前排中为利津县抗日民主政府首任县长王雪亭，右为粮库主任袁东，中排右为张汝淮，时任县财粮科科长兼金库主任。照片摄于1946年秋（张汝淮保存，张忠提供）

前排中为利津县抗日民主政府首任县长王雪亭，后排左二为县财粮科科长张汝淮。前面小孩为王雪亭之子。据张汝淮长子张忠回忆，听老人家说当时所穿的大衣为缴获的战利品。王雪亭时年34岁，居长，张汝淮24岁。照片摄于1946年冬（张忠提供）

周保琪一个建议，避免了一次决口

1946年，周保琪来到山东省河务局后，立即投入"反蒋治黄"斗争。当时条件极为艰苦，年过半百的周保琪身体又不好，由通信员卜宪海用独轮车推着行李，自己拄着拐杖徒步察看工程，有时走累了就坐一段手推车。他仔细查勘工程工地及每处险工，检查施工质量，解决技术问题，指导施工。利津县王庄险工是著名的大险工，坐弯顶冲，十分险要，在制订工程施工计划时，周保琪依据自己的经验与王庄险工的位置特点，建议在险工后面修筑一条套堤，做第二道防线，以确保防洪安全。山东省河务局局长江衍坤及时采纳了这一建议，于1947年7月3日组织大批民工抢修王庄套堤。套堤长1731米，坝基40米。共压占土地481亩。每亩青

苗补偿与坟墓迁移费各补粮食50公斤。套堤施工于7月底完成并在《渤海日报》进行了报道。

1947年8月大水到来，王庄险工接连出险。由于缺乏石料，一线大堤频繁发生险情，几经奋力抢护最终溃决。2000多名抢险员工迅速退守套堤，坚守第二道防线。虽然套堤也多次发生渗水、坍陷、漏洞等险情，但经大力抢护，保住了堤防安全，避免了一次黄河决口，成就了"人民治黄以来伏秋大汛不决口"这足以让黄河人自豪的事实。人们无不称赞修筑第二道防线的及时与正确，同时也记住了周保琪这个名字。

（摘自张学信回忆文章《坐手推车的技术室主任》）

周保琪（1893~1949），第一届黄河水利委员会委员，1949年任山东河务局技术室主任，革命烈士

中华人民共和国成立后，王庄险工套堤内逐步淤平，目前已成为管理段驻地和苗木繁育区（巴彦斌供稿）

1949年6月，华北、中原、华东三大解放区联合治河机构——黄河水利委员会在济南成立。图为第一次委员会议。前排左起：王化云、赵明甫、彭笑千、江衍坤、钱正英，后排左起：周保琪、张慧僧、张方（转载自《人民治理黄河六十年》）

▌向旭回忆"反蒋治黄"时利津綦家嘴险工抢险（摘录）

向旭，1920年12月生，山东淄博人。1947年5月至1948年2月任中共利津县委书记，参加并领导了利津县"反蒋治黄"运动。

我到利津后参加的第一个会议，就是县治黄委员会的会议，通过这次会议了解了治黄情况，研究了治黄措施，立即组织民工上堤进行大堤修复工作。8月间，阴雨连绵，黄河水位猛涨，大马家、綦家嘴、王家庄三处险工告急，县里紧急部署防汛抢险的战斗。黄河办事处驻守大马家险工，王县长到王家庄险工，我负责綦家嘴险工。险工多，料物少怎么办？就再次动员群众献砖石和秸料，料少不能平均使用，只能"先上后下"，先保上游险工，首先供应大马家险工，兼顾綦家嘴、王家庄险工。大雨下个不停，道路泥泞，不能车运，就动员群众，男女老少用手搬、人背、肩挑、二人抬，把拆除的城墙砖料送往大马家险工。

綦家嘴险工，原有石料护堤，都被洪水冲刷殆尽，强烈的东南风卷着巨浪急流迎河直冲綦家嘴拐角处大堤，来一个急浪，大堤就坍塌一批，长达200多米的险工，先后下柳石枕做秸埽都无济于事。本来这处险工背河取土就困难，大雨下了五六天，取土更难，别的工具用不上，只能靠两只手像燕子衔泥一样，从大坝底下20多米低处，一筐一筐地向大堤上传送。没有干秸料，就在大堤下边砍了鲜高粱秆、鲜树枝做秸埽。东南风大、浪高水急、秸埽工程也难做，刚打下木桩拴了缆绳，拢住秸料加了泥土不到尺把高的秸埽，来一个浪头，就随着坍塌下去。有几百名民工日夜战斗了五六天，秸埽做了十几个，结果一个个都被黄水吞没了。大家信心不足了，怎么办？就集中民工做战地动员，说明綦家嘴险工安危关系利津、沾化、垦利、广大地区人民生命财产和自己家乡的安全，必须用上各种力量，

想尽一切办法抢住险工，确保安全。后来从大马家运来了铁丝笼、麻袋，又动员运来了一批砖料，大家把希望寄托在新的措施上，冒着大雨打桩。用粗绳缆吊了铁丝笼，塞满砖头放下去，一放到水下，就被巨浪冲击得飘来荡去，最后还是缆绳绞断被黄水冲走。

已经近10天了，"老天爷还是不睁眼"（晴天），淫雨一个劲地下，蒋介石的飞机还时常来干扰扫射。敌机一来，民工就四散奔逃，只有少数河工在坚守岗位。东南风不停地吹，卷着黄水巨浪冲刷险工，眼看着堤身泥土一批批地不住地塌入水中，原来20多米宽的坝顶，只剩下不到3米宽了。既无天时，又无地利，人心也散了，有的民工已逃回家去搬家了，就连老河工苏俊岭同志也因信心不足而动摇了。他两眼红红的，低声地对我说："政委啊！看来难抢住了！大伙也尽了力了，就准备放炮吧！"黄河上的老规矩，黄河决口，先放炮报警通知各村搬家。要准备"放炮"，我犹豫了，想，老苏是老河工，他有经验，是否就按他说的办？一转念，想到黄河决口，对人民，对战争造成的严重后果，感到此时此刻的每一句话关系重大，如果綦家嘴决口，就将成为历史的罪人！转身再同老苏商议，不能放炮！还是坚守！就是剩下一尺坝、一个人也要坚守！决口的后果实在不堪设想！怎么办？老苏疑惑着回答了一声："那就再抢吧！再做秸埽护堤，也没有别的好法子。"老苏同意坚守，我就再作动员，先稳

2011年8月4日，向旭在他的上海寓所向采访者讲述在利津进行"反蒋治黄"斗争时的情形（王晓东摄影）

住抢险的河工民工，向大家说明还有2米左右的坝顶，还不能绝望，还有希望。可以再增调民工，砍运鲜秸料、鲜树桩，继续抢！民工增加了，运来了新料，也带来了一批扁担挑筐新工具，靠近险工处的民工有的回家扛来了自家的木箱子装泥土，大家的行动统一了，都在为抢险继续战斗。

经过一昼夜，风向突然由东南风向变成了西北风。西北风顶着冲向险工的水浪，水势渐缓，不那么凶了。这还是老苏首先发现的，凭他多年治河的经验判断，风向转了，就快晴天了，有希望了！这个话一传开，大家干得也起劲了。但坝顶只剩下不到两米宽了，只有背河一个三角形的堤坡，在迎水打桩时后坡都能感觉到震动。但做的秸埽能稳住了，能起迎水护堤的作用了。险情不断好转，终于化险为夷。在场的河工、民工也随着险工的好转而转忧为喜。在关键时刻，坚持就是胜利！

1947：鏖战王庄套堤

1947 年伏、秋两汛接踵而至，战争风云变幻莫测，"反蒋治黄"进入最艰苦的阶段。利津县委、县政府面对严峻形势，进行了精心的排兵布阵：全县 50 多公里堤防，重要险段三处，上首大马家险工，由利津治河办事处副主任王砚农、张汝淮率黄河专业队伍驻守；中间綦家嘴险工由县委书记向旭坐镇并兼顾两头；下首王庄险工由利津县县长、治河办事处主任王雪亭指挥。极富抢险经验的老河工苏峻岭、于佐堂分别担任了綦家嘴、王庄险工段的技术总指挥。

9 月 3 日凌晨，王庄险工 8 号埽全部入水，抛砖护根一昼夜始见露面。7 号、9 号、10~14 号埽相继墩蛰入水。5 日，风雨大作，灯火难明，抢险队员摸黑修工。7 日晚又有 10 余段埽坝出险，县长王雪亭带领 2000 余名员工抢护。次日，11 架次国民党飞机低空扫射 5 小时，秸料垛起火，民工王子明中弹牺牲。义愤之中，全体抢险员工在县长王雪亭、工程队长于佐堂带动下将生死置之度外，奋战 7 个昼夜，抢修埽坝 20 余段，最终退守套堤。

抢修而成的套堤接连出险。20 日上午，一股浊流从堤背涌出，县长王雪亭、工程队长于佐堂与 60 多名抢险队员手拉手组成人墙在临河探摸洞口。洞口找到后，湍急的水流接二连三将抛入的网包麻袋等料物吸走，情况万分危急。浸在水中的于佐堂发现堤上还有成捆的秫秸，他想叫人抱来，可嗓子早已干哑光张嘴喊不出声音。情急之中，他猛地从水中跃出，冲到堤上扛起一捆秫秸跳入水中插入洞口，并示意众人仿效……在他的指挥下，漏洞抢堵成功。短短的十几天里，堵塞漏洞 16 个。

抢险时，当地沿黄村民表现了很高的觉悟，他们把自家的衣箱、盖房的檩条、新婚的接脚石、送老的寿材等送上大堤抢险，青壮年全力以赴参与抢险。

王庄险工（崔光摄于 2004 年）

1949：1 号坝 43 天挽狂澜

1949 年秋汛，连续 4 次洪峰致使黄河主溜出现右移，大溜直冲垦利 1 号坝头。8 月 30 日裹头埽出险，7 个工程班和垦利、沾化、广饶县民工，沾化、垦利两县县大队等 1000 余人日夜奋战，连续护险。9 月 30 日第 6 次洪峰又至，溜势上提，主溜顶冲新修埽坝。10 月 2 日，中华人民共和国成立的消息传到了抢险工地，群情振奋，纷纷表示："人在堤在，坚决保住 1 号坝，保证黄河不决口。"

四天四夜，累计 110 个平均近 1 万公斤的"立枕""玉苇枕""平枕"抛下，终因溜势过猛新修埽坝全部冲垮，危急的时刻，省局直属队二班副班长侯金山采用"跟头子骑马"缓和了险情。

10 月 7 日，又重新抢厢裹头埽。民工们在半公尺深的水里捞泥代土，采取柳枝包砖、麻袋装红泥代替石头的办法起到了很大作用。

1 号坝突出于河中，三面临水，工作面狭窄。面对异常严重险情，指挥、部署等整个抢险环节考验着每一位在场的领导。垦利县县长郑林青从出险的那天起一连月余，没有回过机关一趟；渤海区党委主任王运芳连续三个昼夜坚持在抢险一线；省河务局张技正、垦利修防段工程股股长谭致和、利津工程股股长苏峻岭紧密配合，部署、指导抢险的每一步骤，从未离开过工地一步。

1 号坝抢险，是党、政、军、民团结抗洪的典范。渤海行署秘书长于勋忱、垦利专署专员王沛云亲临指挥，地委、渤海区党委组织了 300 名干部参战；山东河务局派工程技术干部及直属工程队 90 余人参加抢险；渤海军区两个警卫团应调加入抢险队伍；广饶、博兴、垦利、沾化县出民工 3290 人。

1 号坝抢险，是一场众志成城的人民战争。送砖送料的群众队伍日日夜夜分数路向 1 号坝进发。来自渤海贸易公司和沾化、垦利、利津、惠民等县的 132 辆胶轮大车与省航运队 30 余只木船分水陆两路将料物源源不断地运往 1 号坝。垦利县邻近村庄群众 3500 余人未经动员部署，自愿参加抢险运料，200 多亩快要成熟的高粱一夜间全部收割送到工地；西羊栏子村于文风等村民为筹集抢险用料把自己的篱笆墙扒了送到河上，46 岁裹着小脚的吴大娘也从 5 公里外扛运秸料；兴隆村的 19 个姊妹、17 个儿童从 15 公里以外，冒大雨赶送秸料；11 岁的王兰英，运砖来回 3.5 公里，还要经过 50 米的水面。所有抢险干部民工都住在坝头上的秸料棚里，吃凉干粮，喝浑黄河水，饱受风雨之苦，苦战 40 余天，且战且退，经三次退修，用工 16.68 万工日，秸料、柳料 562 万公斤，石料 0.22 万立方米，砖 0.13 万立方米，麻绳 0.75 万根，木桩 1.42 万根，麻袋 3.5 万条，还有红胶泥达 0.6 万余立方米。至 10 月 17 日，埽坝初步稳固，1 号坝转危为安，赢得了最后胜利。

（资料来自于《垦利黄河志汇编》）

谭致和（1911~1986），1949 年垦利 1 号坝抢险时任垦利治河办事处工务股长

谭致和一家合影，图片摄于 1972 年（谭西法提供）

1948 年 9 月济南解放后，山东境内黄河上下畅通，黄河航运在配合人民解放军渡河作战的同时，河防指挥部积极组织船只抢运堤防建设和抢险料物。图为运送防汛物资的船队

① 1949年10月5日，参与抢险运料的船只达到70多艘。图为参与抛枕抢护的船只

② 来自渤海贸易公司和沾化、垦利、利津、惠民等县的132辆胶轮大车与省航运队30余只木船分水陆两路将料物源源不断地运往1号坝

③ 运料队伍源源不断

④ 根石探测（刘亮亮摄于2015年）

⑤ 义和1号坝险工（高冬柏摄于2013年1月）

麻湾北坝头抢险

1949年9月14日，麻湾北坝头发生重大险情。大溜紧逼坝头，埽前水深12米，前沿全部墩蛰入水，险情十分危急。蒲台县委书记洪坚、县长李子元，垦利分局副局长田浮萍、治河办事处主任李秀峰坐阵现场，龙居、乔庄两乡民工1000余人，水手50余人，干部、工人160余人组成了抢护大军。

为了探明埽前水下土质和水深，察明水下情况，以便确定抢护方式，河工李增学、王焕功身上拴上绳子，先后潜入埽前十几米深的急流中"抓河底"。两人凭着高超的水性和勇于献身的精神，很快完成了任务。北坝头连续抢护至9月20日9时，新做搂厢土胎忽然蛰陷，木桩拔出，绳索崩断，随时都有跑埽的危险。在这万分危急的时刻，年过半百的工程队长李洪德奋不顾身地站在即将沉入水中的埽面上，指挥进料。在他的带动下，人、料迅速上去，经过十几个小时奋战，险情有所控制。

晚18时，刚稳住的埽坝由于大溜冲击，出现整个埽体"仰脸""簸簸箕"险情，埽体与土胎脱节过溜。李洪德全然不顾个人安危，继续站在埽体上指挥，这时，忽听啪啪几声，绳断桩崩，手疾眼快的工人李希忠一把抓住李洪德，尽全力将他拉到岸上，未等转身，刹那间整个埽体全部被激流冲跑，坝身严重坍塌。县指挥部决定：加速备料，后退30米，重开新埽抢护。经三天三夜的奋勇抢护，险情始转危为安。

李增学（1927~1999），1949年在麻湾北坝头抢险中深潜水底查看情况，时年22岁（东营河务局提供）

王焕功（1929~2007），1949年在麻湾北坝头抢险中深潜水底查看情况，时年20岁（东营河务局提供）

沉厢抢护

麻湾北坝头大抢险与收料

9月20日，麻湾北坝头土胎蛰陷后，改用秸料搂厢抢护，因坝前水深溜急，所做埽体极不稳固，随时有木桩拔出、家伙绳崩断、正体埽跑掉的可能，在这紧急关头，负责抢险技术工作、年过半百的李洪德队长，奋不顾身，站在即将沉入水中的埽面上，指挥抢修，在他的带动下，虽有好转，但因土料不及时，埽体经不住激流冲击，整个埽体出现"仰脸""簸箕其"险情，使埽体与土胎脱节过溜，霎时桩崩绳断。工人们刚把在埽前沿指挥的李洪德队长拉上岸的刹那间，整个埽体全部被激流冲走，在场的人都为他捏把汗。指挥部决定，加速备料，后退重开新埽。

麻湾北坝头搂厢埽被洪水冲走后，险情紧急，但秸料用尽，时值下午3时左右，坐镇指挥的蒲台县县长李子元，当即决定由乔庄、龙居、史口三区星夜送料30万公斤。次日凌晨，天刚发白，从分段门口到北坝头近2公里的堤坝上及各路口的道路上到处是送料的人群、车辆。当时虽准备了收料人员，没想一次来这么多料，人少，秤也不够用，如何收？经与送料群众代表协商，采取数秫秸个数，双方各检一个，即"双过称计算法"，不到一上午即收料近35万公斤，保证了抢险需要。

（摘自原东营修防处工管科科长孙鸣琴回忆录）

1949年9月，麻湾险工北坝头大抢险期间，沿河群众向麻湾险工运送秸料（黄河档案馆资料）

人民治黄事业的推动者——田浮萍

田浮萍（1920~2009），原名初保庆，1939年参加革命。1946年"反蒋治黄"开始，田浮萍任蒲台治河办事处主任，后历任垦利黄河分局局长、黄委工务处长、山东黄河河务局局长等职。1950年春，他积极建议在利津綦家嘴险工8号坝试办引黄放淤工程，此举打破了黄河下游不能破堤建闸的禁区，拉开了山东引黄供水的序幕；1970年初，时任黄委工务处长的田浮萍被下放到山东齐河县河务段进行劳动改造，他主动请缨，率领职工投身打造出黄河上第一艘铁壳吸泥船——"红心一号"，推动了山东黄河机淤固堤的开展；1970年11月任位山工程局（东平湖管理局的前身）党的核心小组组长时，注重调查研究，依靠防洪专家，对十里堡、林辛、石洼进湖闸相继改建成功，改善了水库控制运用条件，提高了分洪能力，进一步完善了东平湖滞洪区的防洪工程体系。

田浮萍，时年29岁，任垦利黄河分局局长，图片由原济南修防处主任司继彦保存，背面注有拍摄时间、地点，为1949年麻湾北坝头抢险工地（司继彦提供）

山东黄河河务局原局长田浮萍、齐兆庆等老领导在袁崇仁、宋振华等领导陪同下赴黄河入海口考察（蒋义奎摄影）

田浮萍（左四）、齐兆庆（右三）、葛应轩（左三）在黄河入海口

1947 年 7 月，渤海区修治黄河工程总指挥部总
指挥李人凤（二排右四）、利津县县长王雪亭（二
排左五）与利津、沾化两县河工干部成绩优良者
合影。其中前排左三为利津治河办事处工务股长
苏峻岭（李人凤摄影）

1948 年 12 月 4 日，山东省河务局在滨县山柳社村召开庆安澜大会，除机关人员及附近群众外，
所属工程队员、抢险立功的干部、职工共 388 人参加（黄河档案馆资料）

加宽堤防

第二章
人间正道

中华人民共和国成立后黄河利津段两次凌汛决口

1951 年，利津县王庄凌汛决口

1951 年 1 月 7 日，利津水文站流量 460 立方米每秒，河口段插冰封河。1 月 30 日，流量为 1160 立方米每秒，冰凌洪水势不可挡。利津刘夹河水位上涨 1.45 米，千里河段满河淌凌。2 月 2 日黄昏，上游冰块伴随一两米高的水头排山倒海般倾泄而来，险工埽坝前布好的防凌草排被拦腰截断，大块的冰凌插破埽肚，挤烂坝身，在埽面用橇杠拨冰的河工几无立足之地。北岸十六户村，南岸宁海、东张一带局部堤段洪水与堤顶平齐，大块冰凌已壅上堤顶，20 公里河槽内积冰如山，总量约 4000 万立方米。蒋家庄、扈家滩、西张、东张、章丘屋子等堤段相继出现漏洞、渗水等险情 13 处。

2 月 2 日夜 23 时，利津三区左家庄村南、王庄险工以下 380 米处大堤背河出现漏洞，发展迅速。

临河被巨大冰块迭加复盖，洞口难寻。近 400 名民工及抢险队员奋力抢护终难奏效。加之天寒地冻无处取土，该处又为隐患成灾，在人力不可抗拒的情况下，于 2 月 3 日 1 时 45 分溃决。工人张汝宾、张窝村村长刘朝阳、民工赵永恩不幸牺牲。王庄堤防决口后，口门由 10 余米迅速扩展为 217 米，最大水深 13 米。为防止口门全部夺溜改道，山东军区出动飞机沿河道轰炸，迫击炮、人工冰上爆破轮番上阵，拟将 70 公里的冰塞河道炸通。但天寒冰坚，炸而复冻，收效甚微，爆破被迫停止。

溃水出利津扑沾化入黄河北岸的徒骇河入海，洪水泛滥区宽 14 公里、长 40 公里，造成利津、沾化两县 45 万亩耕地、122 个村庄受淹，倒塌房屋 8641 间，受灾人口 8.5 万，6 人死亡。2 月 15 日，由山东省、黄委组成堵口委员会，王化云任主任，江衍坤、陈梅川（惠民专员公署专员）任副主任并任堵口指挥部正、副指挥。山东省政府拨款 480 万元，调集技工、民工 7000 余人于 3 月 21 日开始对王庄凌汛溃口堵复。至 5 月 20 日堵复工程全部告竣，历时 61 天。

（注：王庄凌汛决口最初汇报材料中称为"左家庄决口"，因口门在左岸原利津三区左家庄南，后改为王庄凌汛决口）

刘奎三（1903~1968），山东省利津县张窝村人，1944 年参加工作，中共党员。王庄凌汛决口时，刘奎三任王庄段段长。2 月 2 日深夜，刘奎三带领 30 多名抢险队员、300 余名民工在王庄险工下首 380 米处抢堵漏洞，终因天寒地冻抢堵未果，大堤于 2 月 3 日 1 时 45 分溃决。刘奎三后任垦利、广饶修防段副段长。1958 年调梁山湖堤，先后任第二、第三修防段副段长（刘书恭提供）

用铁硪打冰

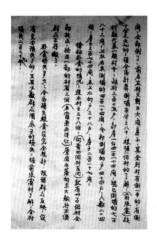

王庄凌汛决口后利津三区关于人口、财产损失及抢救情况的汇报（利津档案馆资料）

20世纪90年代，离休老黄河刘道合老人讲述黄河凌汛及50年代抗凌斗争（崔光摄影）

凌汛漫滩

1955年，利津县五庄凌汛决口

五庄在王庄上游，利津县城南13公里处，黄河左岸。1954年12月山东全河插封，至1955年1月15日，河口气温在−20～−8摄氏度之间，河道冰量增至1亿多立方米，比1951年凌汛翻了一番。28日10时至29日凌晨3时，凌头自济南洛口以平均每小时12.5公里的速度开至利津王庄险工。利津水文站刘家夹河水位上涨了4.28米，30公里河道超过保证水位1.5米，40公里河道内滩区全部被淹。29日19时，左岸五庄村与四图村之间的洋桥西头，大堤背河柳荫地出现渗水、管涌，20时左右演进成漏洞，水柱喷涌而出，抢险民工以土袋封压，旋即向临河水中抛掷麻袋、草捆等，堤身塌陷后又以沉船两只抢堵缺口，终因存料用尽，加之北风凛冽灯火全息、取土困难，大堤于23时30分完全溃决，四图村民工赵荣刚、赵锡纯不幸牺牲。

溃水沿1921年宫家决口故道北流，淹及利津、滨县、沾化三县十五区86个乡360个村被淹，受灾人口170万，淹地88.1万亩，倒塌房屋5400间，死亡人口80人。溃水波及东西宽25公里，南北长40公里，由徒骇河入海。

五庄决口后，由山东河务局与惠民专署共同组成山东黄河五庄堵口指挥部，指挥王国华，政委李峰，副指挥田浮萍等。3月初，来自利津、滨县、惠民、蒲台、博兴、高青、齐河等县民工6600余人汇聚五庄。2月9日，小口门采取挂柳缓溜落淤的方法减刹水势，借水小之势很快堵合。大口门先在滩唇修做柳石堆四段，防止继续刷宽，又在沟前大量沉柳缓溜，加速淤淀。3月6日开始截流，6000余名员工从东西两岸正坝同时进占；3月11日7时30分合龙开始，先于正坝采取捆抛苇枕，两面夹击。连续抛至10时15分时，枕已裸露水面，正坝合龙告成。紧接着完成了边坝下占合龙，12日闭气并浇筑前后戗，13日堵口告竣，提前两天完成。五庄堵口工程，由决口到合龙，历时仅40个昼夜，从堵口到合龙进占共用7天。

流冰壅上坝岸

迫击炮炸冰

解放军空军部队支援

五庄凌决口门处为 1921 年宫坝决口堵复时打桩抛石截流处，当时未加清理，留下坝基隐患，32 年后终酿惨祸。图为五庄凌汛决口堵复龙门沉占时的情景（黄河档案馆保存）

五庄凌汛决口堵复现场（黄河档案馆保存）

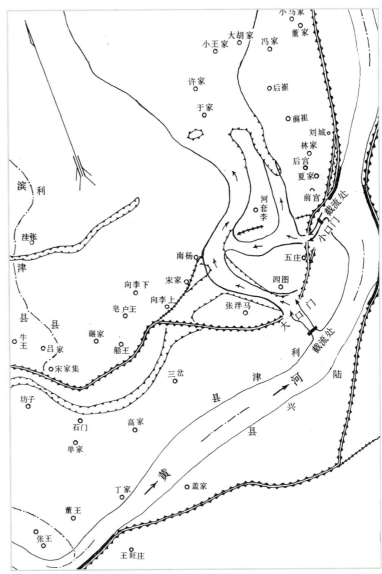

1955年利津五庄凌汛决口位置图

夯实标准为"上三打二"，即虚土厚 30 厘米，夯实后厚 20 厘米。夯花密度达到每平方米 25 个。图为碌碡夯（60 公斤），它的广泛使用大大提高了坯土的压实度

第一次大修堤（1950~1957）

第一次大修堤历时 8 年，对河口地区 152.63 公里堤防普遍加高帮宽、加固，其中新修民坝 10.5 公里。共做土方 886.3 立方米。同时完成小街子减凌溢水堰土方 474.81 立方米，两次凌汛决口堵复土方 67.42 万立方米。除河口堤外，均达到 1949 年最高洪水位超高 2.1 米的设计标准。1958 年花园口站出现 22300 立方米每秒大洪水，河口地区堤防在仅出水 1.5 米的情况下，经党、政、军、民全力以赴严密防守奋力抢护，战胜了洪水，充分显示了堤防和人防的巨大威力。

第一次黄河大修堤右岸高青、左岸滨县以下堤防按 1949 年最高洪水位超高 1.5 米，堤顶平工 7 米、险工 9 米设计

对于堤防薄弱堤段，采用抽槽换土的方式加固

中华人民共和国成立后第一次大复堤中，上土工具多是木轮小平车，胶轮小推车较少

1952年第一次大修堤时垦利修防段组织的"女子推土班"在复堤中树立了榜样，鼓动了士气（齐兆庆摄影）

解放战争时期及中华人民共和国成立初期，筑堤工程有的地方仍是人挑肩抬，用土篮、抬筐作为上土工具

▌推广新工具　实行大包干

　　1954年，第一次大复堤正处于高潮，为了杜绝黄河施工工地的浪费现象，减轻人民负担，在黄河工程中普遍推行使用新工具，土石方包工包做的方法。当时正值国家第一个五年计划开始，工农业生产发展很快，一种可提高工效六七倍，替代木轮小平车的胶轮小推车已被广泛使用。但价格较贵，民工买不起。于是黄河工程管理人员想出了一个办法：胶轮车盘自已做，黄河修防段垫付胶轮款，工完账结时统一扣下。此法很快推开，认购者踊跃。同时借机成立包工队，工程包工包做，此举极大地调动了上堤民工的积极性，工程做得又快又好。不仅减少了乡村政府的负担，还为每个村添置了几十辆胶轮车，在后来农业发展和村办小型农田水利工程中起了很大的作用。

（冯守勤提供）

图为利津河务局退休老班长赵献岐手推胶轮小推车，向年轻职工讲述第一次大复堤情形（崔光摄于1999年）

木制"小土牛"是20世纪50年代初上土的主要工具（黄河博物馆保存）

1949年以后在复堤工程中，采取多劳多得的"包工包做"办法极大地调动了群众积极性。图为复堤收工的治河民工，拉着"包工包做"所得的粮食回家（崔光翻拍于《人民治理黄河六十年》）

利津綦家嘴险工的秸埽坝头

对险工进行石化改造，是第一次大复堤中的一项重要措施。过去的埽工是以秸秆、柳料为主体，用桩绳盘结连系的防冲建筑物，极易腐烂损毁造成出险。中华人民共和国成立后即决定把下游险工进行石化，以提高抗洪能力。图为中华人民共和国成立初期的险工散抛乱石，以加固根石（崔光翻拍于《黄河》）

砖石垒砌的险工

功不可没的锥探灌浆

人民治黄最初阶段，下游堤防是在经历了战争破坏的旧堤基础上修筑的，军沟、洞穴无处不在，加之历次堵口所用的秸苇软料年久腐烂且深埋堤下，对大堤安全构成了极大威胁。1951年，河南封丘修防工人勒钊用钢锥探测堤内隐患的办法在黄河下游得到广泛推广，通过锥探来找出在地面上看不到的隐患，起到了事半功倍的作用。他的方法是，用粗钢丝制锥，以木板挟持，压入堤身，并辅以向锥孔中吹烟、注水等方法，可发现堤身内孔穴、松散夹层及裂缝等隐患。1952年后，学习齐东修防段马振西小组制锥法和操锥法，改用6毫米圆钢制锥，长度为6米、10米两种，锥尖锻为四楞尖头，楞间有凹槽，四人操锥呼号进锥，每组口锥数有数十眼提高到200多眼，利津修防段工人韩星三四人小组用6米锥曾创日进锥818眼的全县最高纪录，被评为锥探一等模范。

锥探灌浆除险是一项非常有效的堤防除险方式。《利津县黄河志》载，利津堤防1951年锥探完成41.8万眼，探明大小洞穴380多处，完成翻修土方5523立方米。1952年共锥探64.43万眼，深度达到4.5~5.5米，发现洞穴540处，其他隐患278处，皆用人工进行了翻修、灌浆，土方量达7.3万立方米。这项新技术的推广，大大减小了汛期堤防出险率。

20世纪70年代初，山东河务局创制了杠杆打锥机，河南河务局创制了744型打锥机，实现了人力打锥半机械化和机械化。而灌浆也由人力舀灌的静压力灌浆改进为动压力灌浆。锥探灌浆除险在加固堤防上发挥了巨大作用，而且对涵闸、险工的加固亦成效显著。

黄河大堤锥探除险技术发明者 黄河工人靳钊（崔光翻拍于《黄河》）

20世纪90年代使用的dxx—15型柴油机带动的灌浆机（孟祥文摄影）

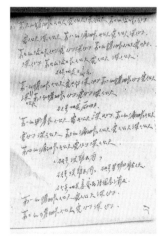

1951年9月利津三区的锥探工作总结（局部），总结中详细记载了出工人数、每天进度，所查军沟、獾、狐、鼠洞穴的大小及方位

1953年韩星三锥探事迹材料（利津河务局提供）

利津修防段职工韩星三在1952年锥探灌浆中创日进锥818眼的纪录，被评为锥探一等模范

1951年，黄河下游开展了声势浩大的人工锥探灌浆生产。利津黄河修防工人的经验是：土松进锥轻快，有洞锥自下落。红泥夹锥难提，硬土震手难入。见木发涩，遇石有声（崔光翻拍于《黄河》）

采用大锥锥探堤防。大锥长10米，用16毫米圆钢制成（崔光翻拍于《黄河》）

机械锥探灌浆机（王新民摄影）

第一次大修堤期间，利津刘家夹河水文站最大流量是 1957 年的 8500 立方米每秒，最小流量为 1952 年的 5210 立方米每秒。图为查险民工身披蓑衣在雨中查险

对于堤防薄弱堤段进行沙石导渗

防汛料物运到抢险工地

黄河防汛总指挥部吴芝圃主任在黄河下游视察险工

第二、三次大修堤

第二次大修堤始于 1962 年，止于 1969 年。河口地区两岸加高帮宽大堤 169 公里，完成土方 777 万立方米。1958 年洪水以后，下游防洪标准以东平湖分洪后艾山下泄 13000 立方米每秒洪水设防。大堤加培标准定为四段以上两岸堤防超高 2.1 米。修堤质量中的密实度采用干么重试验。1964 年开始推广拖拉机碾压并逐步替代了人工夯实，新堤密实度普遍提高。因此，在施工管理上推行大工段作业，劳力优化组合，分挖土塘，合倒坏土，明确上土边界，按上方结算粮款。工程完工后，逐级组织验收、普查鉴定，首次建立了黄河下游防洪工程档案。

1985 年第三次大复堤全部实现机械化。图为利津小李险工堤段（崔光摄影）

第三次大修堤始于 1974 年，止于 1985 年。完成加帮临黄堤、河口堤共 171.45 公里，修做土方 2419.19 万立方米。以防御花园口站 22000 立方米每秒洪水为目标，经东平湖分洪后艾山以下按 10000 立方米每秒控制。上堤民工根据下达的任务，定员征工，社队抽调。每工日计资 1.20~1.40 元，补助粮食 0.85 公斤。农村推行联产承包责任制后，民工收入高于国家补贴，高出部分由出工单位从公共积累提取或按人口摊派粮款以补贴上堤民工，1985 年提高到每工日 2 元。

第二次大修堤，有机械碾压配合人工上土施工，仅有个别地方采取硪工夯实。图中显示，上土工具已全部换成胶轮小推车（崔光翻拍于《人民治理黄河六十年》）

▌黄河上有了土方施工机械队

1979年9月全国人大936号议案提出，要实现黄河筑堤机械化，以减轻人民负担过重的问题。经省河务局、惠民修防处决定，于1980年3月利津修防段率先建起黄河上第一支土方施工机械队。职工队伍在全段选拔调剂，首任队长綦湘训，职工37人。调入铲运机11台、推土机5台，先在张家滩、綦家嘴、小李险工等处进行试验施工。至1984年，机械队已扩展到职工61人，机械总功率1081千瓦。1981年10月，垦利修防段土方机械队正式成立，编制人员54人，于1982年4月投入复堤，实行内部企业管理。

这是一项黄河治理中的重大举措，是加快黄河治理步伐，解决与农村争劳力、争机具，减轻沿河群众劳务负担的一条新途径。如利津黄河机械队自1980年投产，至1984年完成修堤长度55.2公里，土方量190.87万立方米。按利津第三次大修堤中人工修堤效率计算，五年完成工程量可代替人力58.7万工日。自此后，黄河人工修堤逐步由机械代替。

利津河务局机械队职工在施工工地上（崔光摄影）

建于1980年的东营黄河第一支土方施工机械队——利津修防段机械队全体职工在施工设备前合影（任立锡提供）

险工石化　新修控导　新中国防洪工程体系形成

中华人民共和国三次大复堤实施的同时,对险工埽坝进行了大规模的改造,1955 年后逐渐由秸埽改为石坝,20 世纪 70 年代又进行了大规模的改建,将乱石坝改为扣石坝。至 20 世纪 80 年代后期,险工不但全部石化,而且出现了丁扣、浆丁扣、平扣及干砌勾缝的各种险工坝体,大大增强了险工抗洪能力。随着险工的形成及日益稳固,河道摆动使险工出现了上提下延,给防守造成很大被动。为控制河势变化,1951 年在张滩险工下首修护滩坝垛 6 段,由此拉开了河口地区修筑控导工程的帷幕。至 20 世纪 70 年代末,共整修改建险工 19 处,新修控导 10 处,工程长度 33.98 公里,占西河口以上河道长(上界至西河口河道 74 公里)的 45%,两岸工程布设密度基本相当,有效地控制了河道变化,使险工、控导、堤防形成了完整的防洪工程体系。

1933 年的利津大马家秸埽险工

时隔近 40 年,"席花缝"垒砌法仍是提高石坝抗洪强度的首选。2016 年王庄险工坝垛改建,精选料石,席花垒砌,稳固、大气而又美观(摄影作品《打造安澜》,作者孙志遥)

宋庄控导(垦利河务局提供)

利津水文站

黄河利津水文站在全河 135 处水文站中，有着举足轻重的位置。民国二十三年（1934 年）6 月，黄河铜瓦厢改道自利津入海第 79 个年头，利津水文站首设于右岸彩家庄。民国二十七年（1938 年）国民政府决花园口黄河改道南流，利津河竭，水文站停测。1950 年 1 月，经黄河水利委员会批准，复在左岸刘家夹河险工设站，为黄河水利委员会设立的基本测站。1960 年 6 月，测站迁至罗家屋子，1963 年迁回刘家夹河至今。自 1969 年起，该站定为冰凌观测试验站，为全国性重点站之一。

该站的数据显示，1950 年至 2000 年的 50 年时间里，黄河利津段的河床升高了 3 米多。2002 年后，随着小浪底水库发挥调水调沙作用，黄河利津段的河床降低了 2 米左右。数据显示，黄河在 20 世纪 70 年代开始出现断流，1997 年，黄河断流 226 天，举世震惊。从而也迎来了黄河水资源的统一调度和高科技含量的生态调水，迎来了连续 18 年的黄河不断流。1949 年以来，黄河的最大年径流量出现在 1963 年，为 973.1 亿立方米；最大的年输沙量出现在 1958 年，为 21 亿吨。黄河的最低水位出现在

1954 年，为 12.4 米；1985 年，达到历史最高水位 14.92 米。利津水文站提供的这些数据，对研究和探索黄河的水文要素变化规律，下游河道治理、水沙及黄河三角洲的开发，发挥了巨大作用。

这幅老照片由利津县刘家夹河村刘开（刘其文）先生提供，照片上 13 个人为中华人民共和国成立后建站初期的全体干部职工。中排左起第三人为站长唐伯祥，曾任利津修防段段长、济南黄河医院院长，离休后住济南黄河医院。前排中为照片保存者扈印华，现住利津水文站。

前排左起为丁英举、扈印华、张利民，中排左起为宋其华、丁玉川、唐伯祥、张胜龄、游传福，后排左起为王勉之、李祖正、孙成业、许梦彦、胡景城

中央电视台在进行实时转播（崔光摄影）

2004 年 6 月，中央电视台、山东电视台在利津水文站调试安装设备进行第三次调水调沙实验实时转播（崔光摄影）

机船运石

20世纪70年代开始，黄河防汛石料已由帆船改为机船运送，90年代以后，渐为汽运替代。图为1985年运石料的机船在王庄险工坝头卸石，前面背石者为王庄河务段职工张长江（崔光摄影）

20世纪运石料的帆船

战胜 1958 年大洪水

1958 年 7 月，黄河中、下游普降大雨，7 月 17 日花园口站出现 22300 立方米每秒的洪峰，比历史上著名的 1933 年洪水还大。25 日 9 时至河口利津站，实测流量 10400 立方米每秒，水位 13.76 米，超过保证水位 1.09 米，全线堤防吃紧。黄河防总决定："依靠群众，固守大堤，不分洪、不滞洪，坚决战胜洪水。"周恩来总理中断会议飞往郑州主持黄河防汛工作。河口地区党政军民全体动员，集中一切力量与洪水搏斗，在两岸 166 公里的堤线上，每 500 米设基干班、抢险队 150 人，防汛队 150 人，脱产干部 5 人，总计上防队伍达 15 万人，其中干部、工人近 3000 人。在巡堤查险的同时抢修子埝 165.5 公里，连续奋战 6 昼夜，战胜了中华人民共和国成立以来的最大洪水。

探摸根石

1958 年抗洪中的一个场面

山东军民全力以赴加高堤防坝岸

山东、河南 200 万军民上堤防汛

村民护堤

中华人民共和国成立以后，黄河堤防采取专业管理与群众管理相结合的方式。在县、区（乡、社）、村三级建立了黄河护堤委员会，领导所辖区域的堤防养护与管理。20 世纪 50 年代中期，在大堤上每 500 米修建 2~3 间汛屋，也叫作守险房，黄河口一带叫作"坝屋子"，用于防大汛时住基干班，设临时指挥部，平时由所在沿黄村挑选村民常年驻守，叫作护堤员，履行护堤职责，即护河、护堤、护树、护路，简称"四护"。年复一年，日复一日，栉风沐雨，暑往寒来，"雨中一锨泥，晴天一筐土"，填垫着堤顶上的坑坑洼洼，守护着大堤上的一草一木。报酬由生产队按同等劳力记工分。实行生产责任制后，报酬形式多样化，但都以土地、树株与堤防管理统一承包的形式解决护堤员的报酬。

进入 21 世纪，随着黄河事业管理体制的变化，黄河大堤不再设"守险房"，"护堤员"亦自然消失。但在过去 50 多年的治黄历程中，汛屋及护堤员的存在，在维护堤防完整、提高工程抗洪强度上功不可没。本组图片摄影、采访完成于 20 世纪末（组照为崔光摄影）。

河务部门每年都要对近堤村庄和护堤员进行评选和表彰。图为对利津店子公社大田大队颁发的奖励证书

宋家集宋福村老人于 1975 年接替父亲住进了利津堤防 2 间算上，父子俩已干了 49 年。图片摄于 1998 年

守险房

宋明贤，71 岁。21 年前，在当时利津修防段 1 号坝屋子护堤的兄长病故，村里一时找不出合适的人选接替，老实厚道的宋明贤弟接兄班，从此干上了护堤员。图片摄于 2000 年

父亲驻守坝屋子的时

护堤员崔秀，原利津修防段宫家险工下首 21 号汛屋前崔村护堤员，上堤 25 年。他管理的堤段是全局的样板段，年年都被评为"红旗工程"。图片摄于 1996 年

81 岁的韩永梅上堤已有 30 年。每逢雨天，她便手持长镰，拦截着上堤车辆，不管你是街坊还是哪一级领导，决不放行。老人成了远近闻名的铁面护堤员。图片摄于 1999 年

原利津修防段孙家村护堤员孙增绪，年年被评为先进护堤员。图片摄于 2000 年

右岸的张培成是 1974 年从父亲手中接过"护堤"这份担子的，那年他 42 岁。父亲守护了黄河一辈子，是在这"坝屋子"里去世的。这几年生活好了，孩子们要接他们回家住，可住不了几天，就又回到这土墙、土炕、土锅台的"坝屋子"。图片摄于 1999 年

南展工程

黄河南展宽工程，始于 1971 年，至 1978 年底共完成投资 5252.09 万元，新修大堤一条，长 38.7 公里，平均展宽河道 3.5 公里，展宽面积 123.3 平方公里，近期库容 3.27 亿立方米。修筑展区村台 38 个，迁移自然村 80 个，安置人口 4.89 万人。在临黄堤上修建麻湾分凌分洪闸一座，设计流量 2350 立方米每秒；曹店分凌分洪放淤闸一座，设计流量 1090 立方米每秒；章邱屋子泄洪闸一座，设计流量 1530 立方米每秒。在新堤上修建大孙、清户、胜干、王营、路干等五处七座灌排闸，设计流量 150 立方米每秒。累计修做土方 3189.69 万立方米，石方 7.89 万立方米，混凝土 3.81 万立方米，投工 1789.86 万工日，耗用钢材 2215.9 吨，木材 6000 立方米，水泥 1.68 万吨。

南展工程的建成，割除了"肠梗阻"，使麻湾至王庄 30 公里长的单式窄河道变成了具有复式宽河功能的河道，成为解除河口地区凌洪威胁的重要措施之一。1979 年大放淤一次，后又小放淤三次，淤改土地 82000 亩，使低洼盐碱展区土质有了改善。

30 多年过去，随着小浪底水库建成，下游凌汛的威胁大为缓解。

2007 年，展区房台拓展淤筑工程启动并列入了全市 10 项重点工作之首。2008 年 1 月，建设新展区作为民生建设工程列入了东营市农业重点工程。至 2016 年，南展区部分村民已陆续迁入新居，生活、居住条件有了较大改善。

人推牛拉修筑黄河南展大堤（垦利河务局提供）

南展区房台上的民居（崔光摄于 2005 年）

2008 年 1 月，建设新展区作为民生建设工程列入了东营市农业重点工程。按照黄河南展区建设实施方案，三年时间全部完成房台拓展，共建房台 31 处，总投资 11560 万元。图为垦利黄河河务局承担的房台淤筑工程在紧张施工（崔光摄影）

实施中的南展区居民新村建设（崔光摄于 2016 年 12 月）

麻湾分凌分洪进水闸施工人员合影，后排右七为司继彦，时任麻湾分凌闸建设指挥部总指挥（司继彦提供）

麻湾分凌闸闸门制作人员合影，中排右四为司继彦（司继彦提供）

麻湾分凌分洪闸，该闸为桩基开敞式闸型，6 孔，每孔净宽 30 米，设计分凌分洪流量为 1640 立方米每秒。1974 年 10 月全部竣工（蒋义奎摄影）

以河治河　科技兴河

科学利用黄河泥沙资源，以河治河、科技兴河，是人民治黄历史进程中的一大创举。1950年，在利津綦家嘴首次试验成功的引黄放淤改土兼淤背固堤措施，为减沙、用沙开辟了一条新渠道，在全河迅速得到推广。

1973年黄河南展工程施工期间，购进两只吸泥船沿堤淤筑胜利南村台，为东营市辖区内机械抽淤固堤之始。同年，利津修防段派人外出参观学习，并在张滩险工设置造船厂一处，开始从事简易吸泥船的制造安装。次年五月，三只吸泥船分别安装在宫家、张家滩、王庄险工试产，当年淤沙10万立方米。其后机淤生产全面展开，至1980年投产船只达26只。利津修防段1978年机淤生产达到高潮，12只船当年完成土方量401.35万立方米。

机淤固堤融入了黄河职工的聪明才智，围绕提高含沙量、远距离输沙、吸泥船改进出现了多项发明和技术革新。1975年利津修防段工程师孙广钧研制成功简易吸泥船喷水自航；1982年，修防段工人张建成、王庆宝、崔文君、张秀泉研制成功吸泥船输水管道加力站柴油机循环水冷却器，经两年机淤生产效果明显；进入21世纪，挖塘机和汇流泥浆泵组合输沙试验研究取得重大成果并迅速用于远距离输沙生产。

40年的机淤固堤实践证明：巧用黄河泥沙机淤固堤、淤地改土、支持城镇建设，实现了黄河泥沙资源化利用，是黄河职工因地制宜、自主创新、科技兴河、以河治河的伟大创举。由自流沉沙、提水淤背发展到常年机淤固堤，既加固了堤防，也减缓了河道淤积抬高，保护了两岸耕地。目前全局堤防淤背长度已达到122.404公里，淤区宽度为80~100米，完成淤背土方1209.60万立方米，有效地增强了大堤强度。自1970年实施放淤试验成功开始，东营市积极利用各引黄放淤闸放淤改土，改造盐碱地，使大片不毛之地变成了良田沃土。

吸泥船有了拖轮，更加方便移动和选择沙场。图为利津修防段1号拖轮在王庄险工执行任务（崔光摄于1985年）

由利津修防段张滩造船厂制造的吸泥船（崔光摄于2004年）

原利津修防段造船厂职工合影，后改为修配组（崔光摄于 1984 年）

1986 年，利津修防段对生产中的吸泥船进行安全检查（崔光摄影）

吸泥船的船员们（崔光 1985 年摄于东关护滩）

居住在利防 8 号汛屋上的宫家分段 3 号吸泥船上的生产人员，前排右二为循环水冷却装置发明人之一，船长王庆宝（崔光摄于 1984 年）

1982 年，利津修防段宫家分段工人张建成、王庆宝、崔文君、张秀泉对吸泥船远距离输水管道加力站柴油机循环水冷却装置进行了革新，利用输沙管道中的冷水带走机器冷却水的热量，从而达到了机器的正常运转。这一革新节省了投资，且挪动方便。图为生产中的宫家分段 3 号吸泥船（崔光摄影）

远距离输沙，为城市建设供土（崔光摄影）

2016年8月，利津河务局集贤管理段所辖堤防尚未淤背的堤段
正在施工，图为施工人员在提取含沙量（崔光摄影）

在黄河里作业的垦利河务局吸泥船（崔光摄影）

垦利河务局正在施工的吸泥船（崔光摄影）

黄河通信

　　采用电信传递黄河汛情始于清末。清光绪二十八年（1902年）山东巡抚于济南设立官电局一所，两岸重要险工设立分局。时隔六年，山东黄河架设通信线路近750公里，右岸通至宁海，左岸通至盐窝。 民国时期战事迭连，通信线路屡修屡毁，且设施简陋，单线条、杂木杆、总机少、单机多，只好采用单点定时通话。中华人民共和国成立后开始对线路进行改造，由单线条改为杉木双线条，在县修防段加设总机和单机。1968年后陆续改为混凝土线杆，线担亦由木质改为钢质。20世纪70年代进入有线与无线通信相结合的新阶段，通信队伍、组织管理不断增加、完善。至1988年，东营修防处共有5个电话站，人员达37人。架空铁线245.3杆公里，1157.95对公里。处设供电总机1台100门。所属基层设磁石交换机。

　　1976年黄河下游组建无线通信网。1979年安装"长江301"型接力机，组成报汛专线网，但超出30公里无法正常通信。1993年开始，黄河通信网加快现代化进程，各级程控交换站以半自动、全自动中继方式与公网连接，通信保障能力有所增强。

通信站职工在检修通信线路（崔光摄影）

20世纪90年代前，线路维护集中于春修这一阶段。图为电话站职工王淙泉在维护线路（崔光摄影）

铁鞋、安全带是通信站职工必备的工具。图为职工李大明在维修线路（崔光摄影）

话务员薛梅在值班

抢修线路一丝不苟（崔光摄影）

飓风过后，通信线路受损严重。图为利津修防段通信站到在抢修线路，一旁是被飓风连根拨起的大树（崔光摄影）

2001年，利津局微波通信塔迁移新址（崔光摄影）

话务员罗树秀在试用新安装的磁石交换机

第三章
人工改道清水沟

▌1976：黄河入海人工改道清水沟

1976年5月27日，黄河口罗家屋子人工截流成功，黄河入海由西河口改道清水沟。这是历史上第一次有计划、有设计、有准备、有科学理论依据的人工控制改道实践。

1967年，原黄河刁口河流路出现泄水不畅、尾闾呈现摆动改道迹象。为确保方兴未艾的河口油田开发，黄委初步决定进行人工改道并开始了勘测、规划、设计。在尾闾摆动与油田开发建设的双重矛盾交织下，于1968年开始实施改道清水沟入海的前期工程，先后完成引河开挖8750米，修建防洪堤、东大堤、北大堤、接长南大堤总计完成土方1257万立方米。

1975年10月，利津站洪峰流量6500立方米每秒，水位14.52米，比1958年流量10400立方米每秒的水位还高出0.76米。河口河段堤防、民坝险情迭出，防不胜防；入海口处五汊并行，漫无际涯，主次不分。罗家屋子水位超过1958年特大洪水时最高水位0.57米，油井再次停产，河口段的高水位对油田基地及堤防工程构成严重威胁。由于当时正值国民经济恢复升势之际，作为经济命脉的"黑色血液"受到黄河洪水如此威胁，国务院颇感震惊。12月，山东、河南两省及水电部于郑州会议确定，1976年汛前黄河改道清水沟入海。

1976年4月20日，黄河口罗家屋子截流、西河口改道工程正式开工。方案分为断流、带流截堵两种。河口地区垦利、广饶、沾化、利津等四县18000名民工参加施工。

截流口处旗如海，人如蚁，车如舟。西岸进土复堤，东岸堆置积土。时截流口宽417米，最大水深5.25米。5月14日，西岸推进260米，东岸积土5万立方米。指挥部一声号令，民工三班作业，两坝同时推进。西岸2200辆胶轮小推车2500名民工穿梭般进土，东岸油田6部d80型推土机与750辆小推车同时搬运积土。利津县驾屋村十姑娘推土班与青壮年民工展开竞赛，在进度、质量上争得上游，受到指挥部的表彰。

自5月6日始，水电部指令三门峡下泄流量控制在500立方米每秒以下；山东、河南两省引黄涵闸开启引水，确保沿程削减直至断流；5月19日，实测口门流量为零，断流截堵已成定局。至5月21日14时，两岸进土接头合龙。

40个日日夜夜，大河上下发扬"团结治水，局部服从整体"的精神，统一指挥，紧密配合，步调一致，众手联动，至5月27日复堤告竣，黄河改由清水沟入海。至2016年，黄河清水沟流路在黄河人精心呵护治理下，已安全、稳定地行走了40个春秋，彻底改变了河口历史上"十年河东，十年河西"的"龙摆尾"局面。

民工用胶轮小推车筑拦河坝（张仲良摄影）

1976年黄河改道截流祝捷授奖大会场景（张仲良摄影）

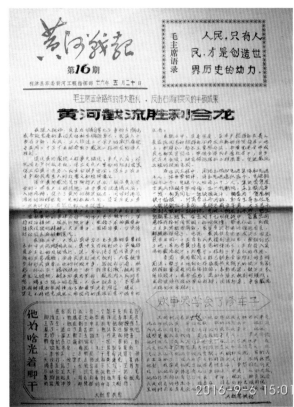

黄河截流伊始，利津修防段职工司毅民、罗新力、民技工通讯员张大民创办了《黄河战报》，共出了20多期，通报工程进展，宣传好人好事，激励民工圆满完成任务。这两张有着鲜明时代特色的油印小报，由刘航东从废纸堆中捡出保存了下来（刘航东提供）

2003年9月，原山东河务局副局长张汝淮（右三）、原山东河务局局长张学信（右二）在河口管理局副局长刘建国、人劳处长李建成陪同下来利津。1976年黄河罗家屋子截流改道时，张汝淮任指挥部指挥（崔光摄影）

九二三厂（今胜利油田）派出大型推土机参加截流，大大提高了工效（张仲良摄影）

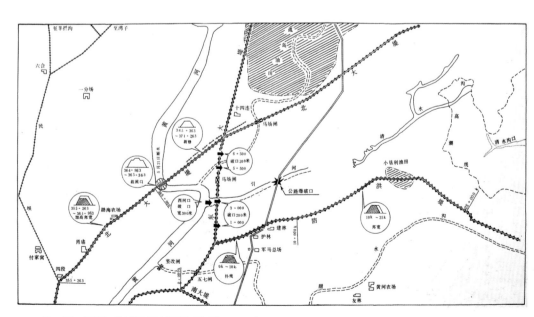

1976年5月，西河口改道工程布置图（比例 1/10 万）

黄河改道工地上的驾屋村十姑娘推土班（张仲良摄影）

第四章
引黄兴利

1966 年兴建宫家引黄闸

① ④
② ⑤
③

① 在施工现场留影

② 1966 年 3 月 8 日下午 5 时，河北邢台地震发生，当时宫家引黄闸正在施工，工人们在卸搅拌机时感觉到了地震。司继彦在他保存的这张图片后面记下了这一时刻

③ 施工现场之一

④ 1966 年宫家引黄闸竣工投入使用，建闸施工人员在闸前合影留念。该组图片由原济南修防处主任司继彦（后排左一）保存，时任利津修防段副段长

⑤ 施工现场之二

引黄兴利

由于黄河"善淤、善决、善徙"的秉性，在黄河下游大堤上破堤修建引水工程历来被视为不可逾越的"禁区"。民国二十五年（1936 年），国民党政府曾在王庄险工 25 号坝试建引黄虹吸管一条，但未发挥作用就因日军入侵而废弃。1950年，时任山东河务局垦利分局局长的田浮萍主动要求在他管辖的利津綦家嘴险工8 号坝试办引黄放淤工程。是年 3 月綦家嘴引黄闸破土动工，洞身为一孔一节箱式钢筋混凝土结构，同年 8 月 31 日竣工并试放。1965 年，又将洞身按原结构标准接长两节，引水量加大。自 1950 年至 1967 年，共放淤 141 万立方米，尾水入太平河，供给利津、沾化部分地区人畜饮水。1978 年该闸因綦家嘴险工开始固堤而被淤埋报废。

綦家嘴引黄闸的胜利建成，打破了黄河下游不能破堤建闸的禁区，拉开了山东引黄供水的序幕。至 1988 年，黄河口地区共建各类涵闸 21 座（陆续报废、改建 6 座），同时建有引黄虹吸工程 11 处，扬水站 26 处。这些工程设施的建成，为黄河在三角洲各个灌区的建成、农业增产、放淤改土、引黄稻改、城镇供水、油田生产方面发挥了巨大作用，也为改革开放后的黄河三角洲经济社会的腾飞打下了良好的基础。

黄河下游第一座引黄放淤闸利津綦家嘴引黄闸（转载自《东营市黄河志》）

20 世纪 70 年代的建闸工地

20 世纪 70 年代的利城东关引黄灌渠（崔光摄于 1982 年）

1969 年，在王庄险工 55 号坝始建王庄引黄闸，至 1987 年在其上游新建开敞式引黄闸。原涵洞废弃。图为 1969 年该闸建设中的情形，前排左一为图片保存者司继彦

司继彦（左二）在王庄闸建设工地

刘家夹河虹吸管，1954 年至 1965 年先后三次兴废，1983 年拆除管道建扬水站（崔光摄影）

东津古渡·利津大桥

利津大桥于 2001 年 9 月 26 日通车。该桥是黄河上第一座县级运作、全国首家采用 BOT（建设—经营—移交）模式和股份制方式筹资建设的特大型桥梁；大桥主跨径为 310 米，主桥索塔高 98 米，钻孔灌注桩深 115 米，为当时黄河桥之最。

利津大桥下面是千年古渡——东津渡。该渡口始于唐初，金明昌三年以此为由建利津县。故有"先有东津渡，后有利津县"之说。至清末民初，黄河夺大清河河道入海，东津渡上连济洛，下通渤海，商旅云集，繁华一时。至利津大桥通车之日，尚有 6 只渡船在此运营。

本组图片摄于利津大桥通车之日，逢右岸梅家村，左岸毕家庄村的两只渡船轮值，船家对于行将消失的千年古渡，除感叹快速发展的改革时代，都有一种难以言说的复杂心理（组图由崔光摄影）。

梅家村的船家久久地望着不远处的利津大桥

毕家庄村的船工张树海在渡三位过河的客人。这是他几十年渡船生涯的最后一渡。时大桥正在举行通车典礼，渡河者目光一齐望着彩旗招展的利津黄河大桥

利津黄河大桥

刘家夹河渡口

刘家夹河渡口 100 吨级双身大轮渡 2 艘对开

该渡口为滨县道旭渡口以下第一个横渡黄河的交通要津，也是垦禹路跨越黄河的重要交通枢纽，始建于 1967 年。1969 年县财政拨款 40 万元，购置"鲁利 1 号"大型双体轮渡，1970 年正式投产。至 1985 年拥有 100 吨级双身大轮渡 2 艘，100 吨级趸船 2 艘，拖头 1 艘，日渡运能力 600 车次。20 世纪 90 年代后由浮桥替代。

刘家夹河渡口平面图

繁忙的刘家夹河渡口（张仲良摄影）

胜利黄河大桥，1987 年 10 月通车（庞守义摄影）

东营河段建成并运营的跨河浮桥共 7 座，多为 20 世纪 90 年代以后建成。图为东营河段最上游的五庄浮桥（航拍截图，巴彦斌提供）

东营黄河公路（高速）大桥，2005 年 8 月通车（崔光摄影）

首座通过东营河段的德大铁路龙居黄河特大桥（孙志遥摄影）

放淤改土　惠及民生

引黄淤改最早始于宋代，但多在黄河中游。民国时曾在下游用虹吸引黄放淤，由于当时缺乏灌溉知识，工程不配套，款项筹措无源而不了了之。中华人民共和国成立后在利津綦家嘴修建了山东黄河第一座引黄放淤闸，成效显著。1958 年利用小街溢洪堰放淤，2.5 万亩碱地变为良田。自 20 世纪 70 年代始，河口地区十八户工程和南展区的兴建运用，对放淤深化了认识，加快了步伐。自 1970 年组织十八户放淤至 1980 年组织南展大放淤止，共引水落淤面积达 40.33 万亩。

1969 年 9 月建成的十八户放淤闸，既是黄河河口地区大型引黄放淤实验基地，也是河口治理规划的组成部分。自 1970～1979 年经过 5 次放淤试验取得成功。1981 年是南展大放淤的第二年，小麦总产量 1361 万公斤，较放淤前的 1976～1978 年年均总产量 669 万公斤翻了一番。

2000 年改建后的十八户引黄闸主要承担放淤区内 12 万亩耕地灌溉、4.3 万人生活用水和胜利油田部分工业用水，并为下镇乡实施的 56 万亩荒碱地综合开发项目提供淡水资源。

引黄稻改最早始于 1958 年，但因水源无保障而失败。1965 年引黄灌溉事业复兴，水稻面积空前扩大。但因黄河断流现象的出现，引黄稻改呈马鞍形发展。21 世纪初，黄河三角洲引黄工程基本配套，引黄灌区干、支渠节水改造全面实施，粮棉产量明显高于非引黄区。小麦连年丰收，黄河口大米闻名遐迩。

十八户引黄闸

十八户闸除险加固工程开工典礼

十八户闸除险工程开工

发展引黄事业　优化水资源配置

大力发展引黄供水事业，为东营经济社会发展和胜利油田开发建设提供了宝贵水源。作为东营市主要的淡水资源，黄河水是东营市人民赖以生存和发展的基本条件。1950年，利津綦家嘴率先建成了黄河下游第一座引黄放淤闸，此后，河口地区引黄灌溉从无到有，从小到大逐步发展起来。目前，全市共有引黄涵闸17座，在用涵闸9座，扬水站（船）21座，最大引水能力505立方米每秒，最大年引水量15亿立方米，建成引黄灌区12个，规划灌溉面积500.03亩，实际灌溉面积272.76万亩，有力地促进了河口地区农业生产的发展。1983~2016年已累计引用黄河水316.80亿立方米，满足了东营市、胜利油田和济军基地生产、生活、生态用水需求，取得了显著的社会效益、经济效益。

曹店引黄闸，始建于1984年，设计引水流量30立方米每秒，加大引水流量80立方米每秒，规划灌溉面积40万亩。3月15日，牛庄区曹店引黄闸放水典礼，石油部副部长李敬、东营市委、胜利油田党委书记李晔、市长唐生海等负责人出席并剪彩。图为举办开闸放水典礼时的情景

省局示范工程一号坝引黄闸，始建于1985年，设计引水流量100立方米每秒，加大引水流量200立方米每秒（张晓芳摄影）

王庄引黄闸，改建于1988年，设计引水流量80立方米每秒，加大引水流量100立方米每秒（2016年航拍截图，巴彦斌供稿）

黄河灌区风光（崔光摄影）

黄河灌区稻浪滚滚

山东黄河闸门运行工技能竞赛

广南水库

科学供水　多方共赢

　　面对 20 世纪 90 年代后黄河来水明显减少，黄河连年长时间断流，水资源与经济社会发展矛盾日益突出的局面，黄河河口管理局以高度的责任感积极采取措施，主动协助地方政府和胜利油田向上级反映情况，协调关系，在关键时刻调来了"救命水"。从 1999 年开始，黄委开始在全河实施水量统一调度。按照上级部署，精心组织，科学调度，确保了河口地区河段全年不断流，最大限度地保障了供水需求，实现了水资源的优化配置，使有限的黄河水发挥了最大的效益，有力地促进了黄河三角洲社会稳定和经济的快速发展。

　　2005 年，河口管理局在多方调查研究的基础上，提出了在兼顾生态用水的前提下，工、农业用水"两水分供"的方案。对工业、农业实施"分质、定量"供水，充分发挥河口地区水库较多、调蓄能力强的优势，在水质较好的冬季安排非农业用水，错开春灌、秋种等农业用水高峰期引水，不再与农争水，从源头化解了工、农用水矛盾，控制住了水的去向，黄河部门、灌区管理单位和终端农业、工业用户都得到了准确清楚的用水数量，达到了清清楚楚用水，明明白白缴费。使有限的黄河水得到了科学、合理的利用。"两水分供"实现了多方共赢，得到了东营市政府和上级部门的充分肯定。

三十公里引黄闸（张立传摄影）

麻湾引黄闸，为东营市重点引水工程，设计引水流量 60 立方米每秒，灌溉面积 160 万亩（马琳摄影）

利津南宋滩区扬水站（崔光摄影）

第五章
走向辉煌

▌ 东营修防处建立

　　党的十一届三中全会吹响了改革开放的号角，人民治黄走向了一个崭新的时代。1983年9月东营修防处建立，在垦利王营分段度过了一段艰苦的创业时光。同年12月，公布利津、垦利、牛庄（今东营区河务局前身）修防段为其下属单位。1984年，河口管理段成立。1990年12月，修防处更名升格为东营市黄河河务局，次年3月，黄河河口管理局正式成立。从此后，黄河河口管理局如一桅涨满的风帆，满载着70年人民治黄的丰功伟绩，一路乘风而来。它所属的四个县区局，既有风格迥异的办公大楼，也有花园式的河务段驻地和职工宿舍楼群。职工收入、职工生活、工作环境的改善如芝麻开花，充分展示着改革开放带来的丰硕成果，同时，全体黄河职工精诚团结，艰苦创业，无私奉献，务实开拓，以舍小家顾大家、甘当拓荒牛的精神，努力开创治黄事业的美好未来。

黄河河口管理局工农村旧址（1984~1995）

2016年黄河河口管理局机关办公大楼

东营修防处成立之时，惠民、东营修防处科段长以上干部进行了合影留念。前排左起：宋呈德、张荣安、宋士卿、刘恩荣、王锡栋、杨洪献、刘洪彬、姚秀文、王占奎、黄自强、王国庆、季官起、冉祥龙；中排左起：王新孚、罗梦芹、孙书烈、孔祥龙、孙鸣琴、张德义、冯守勤、张仁和、郑林光、付永明、刘学声、于孝龙；后排左起：赵振兴、张金水、苏德昌、马泽芳、格力民、许万智、刘士合、王应顺、葛民宪、吴庆华、卢振国、董树年、赵洪林、李士平（张荣安提供）

位于利城西街老河务局院内的修防段第一座办公楼，由省河务局批准，投资 18.5 万元，利津修防段自行设计，职工参与施工，1980 年竣工（崔光摄影）

利津河务局老院内平房，为 1959~1988 年职工宿舍（崔光摄影）

利津河务局驻老城时的周边环境（崔光摄于 1983 年）

利津黄河河务局

　　1946 年 8 月，山东省河务局驻利津治河办事处成立，首任主任由利津抗日民主政府县长王雪亭兼任，与利津县政府一起办公。1950 年更名为山东黄河河务局利津修防段，先后驻利津城南张家滩村、利津县城东关胡家胡同、西街东首路南，1959 年搬至路北，今老河务局旧址（现利二路 37 号）。1998 年 10 月迁至利津县大桥路 66 号。利津修防段辖区随县域之变而变更。1946 年至 1956 年管辖黄河左右两岸，1956 年 3 月后右岸划归广饶修防段，左岸分设第一、第二修防段；1958 年至 1961 年改称沾化修防段；至 1964 年 10 月利津、垦利以河为界重划县域，所辖岸别无变化。

1983 年 11 月，利津修防段全体机关人员欢送黄自强副段长赴惠民修防处任职

① 1997 年春，黄河水利委员会副主任黄自强（前排右四）来利津河务局，自 1962 年至 1982 年，黄自强一直在利津黄河修防段工作

② 1998 年 10 月，利津河务局乔迁新址。20 世纪 60 年代至 20 世纪末在利津河务局任职的主要领导合影留念。按任职时间顺序为王占奎（左四）、唐伯祥（左三）、司继彦（右四）、宋成德（右三）、刘书恭（左二）、史庆德（右二）、刘建国（左一）、杨德胜（右一）（崔光摄影）

③ 1997 年，利津河务局新址开始施工（崔光摄影）

④ 利津河务局机关全景，1998 年 10 月，搬到现址（利津县大桥路 66 号，航拍截图，摄于 2016 年 7 月）

大雨中的垦利河务局驻义和险工时的机关办公室（垦利河务局提供）

原利津集贤分段老院，曾是山东黄河驻垦利县治河办事处、垦利第二修防段驻地（崔光摄影）

垦利黄河河务局

1946 年 8 月 9 日，山东河务局驻垦利县治河办事处成立，驻地为集贤村（今属利津陈庄镇）。1949 年 8 月迁驻前左村，1950 年 7 月更名为垦利黄河修防段。1954 年 1 月改称垦利第一修防段，驻 1 号坝，左岸增设垦利第二修防段，驻集贤。1956 年 3 月，垦利第一修防段改称广饶第二修防段。垦利第二修防段改称利津第二修防段。1958 年 3 月广饶第一、二修防段合并改称广饶修防段。1960 年 7 月建立垦利修防段，广饶修防段西冯以下、沾化修防段归属新设立的垦利修防段，驻 1 号坝。1961 年 12 月原垦利修防段划分为垦利第一（右岸）、第二（左岸）两个修防段。1963 年 5 月合并为垦利修防段，驻 1 号坝。1965 年 1 月原垦利修防段黄河北岸划归利津修防段，撤销利津第二修防段并与垦利段合并为垦利修防段。1983 年 9 月成立山东黄河河务局东营修防处，设置垦利、利津、牛庄修防段（1987 年 7 月改称东营修防段）。1990 年 8 月 10 日，垦利修防段机关驻地迁至胜利黄河大桥南段西侧办公。同年更名为垦利县黄河河务局。2004 年更名为黄河河口管理局垦利黄河河务局。2008 年底迁至垦利县新兴路 371 号。

义和险工（1 号坝）垦利修防段驻地（垦利河务局提供）

1986 年的垦利河务局驻地（垦利河务局提供）

垦利修防段股级以上干部集体合影（张荣安存，刘亮亮提供）

垦利河务局人民治黄四十周年座谈会合影（张荣安存，刘亮亮提供）

2008年山东黄河河务局科学发展观观摩会期间，与
会人员参观垦利河务局职工住宅楼（崔光摄影）

21世纪初落成的垦利河务局办公大楼（崔光摄影）

东营黄河河务局

东营黄河河务局，1983年初设时为牛庄修防段，驻麻湾分段（由博兴修防段划入）。1993年5月1日，东营区黄河河务局从东营区龙居镇麻湾村迁至东营区西四路866号，图为东营黄河河务局办公楼（东营河务局提供）

麻湾管理段老院门口（魏明孔提供）

曾在东营区河务局任主要领导的刘书恭（右二）、宋振利（左一）、薛永华（右一）与东营区原副区长崔洪九合影

东营区黄河河务局旧址

▌河口黄河河务局

1985 年 1 月 1 日，在原垦利修防段北大堤分段基础上成立山东黄河河务局河口管理段，驻军马场四分场，管辖堤段为渤海二分场至防潮坝，隶属东营修防处，编制 17 人。1990 年 12 月 8 日更名为东营市河口区黄河河务局，并升格为副处级单位。1993 年 11 月 8 日局机关迁往孤岛镇（今永兴路 114 号）办公。2004 年 11 月 1 日更名为黄河河口管理局河口黄河河务局。 2011 年 9 月 23 日，河口河务局机关搬迁到河口区河聚路 18 号。

河口河务局 1993 年治黄会议

河口河务局原机关老院及宿舍楼

孙汉德、韩宝信等 4 人在西河口河务段合影

河口管理段职工大会成立时；全体职工和与会领导合影

河口河务局，1993~2003 年位于孤岛镇永兴路 114 号。图为机关办公区（张立传提供）

河口河务局建立于 1984 年 4 月，初为山东黄河河务局河口管理段，驻军马场四分场，管辖堤段为渤海农场二分场至防潮坝，隶属东营修防处，编制 17 人。2001 年迁河口区防汛指挥中心大楼（张立传提供）

2003~2011 年河口河务局机关办公楼（张立传提供）

管理段今昔掠影

20 世纪 80 年代初的利津宫家河务段（崔光摄影）

利津黄河河务局宫家管理段，始建于 1946 年 8 月，担负着 14 公里堤防工程及宫家险工、丁家控导、
五庄控导、宫家控导工程管理养护任务（航拍截图）

原护林管理段办公区（垦利河务局提供）

垦利河务局护林管理段，原为南防洪堤分段，始建于1977年（垦利河务局提供）

垦利河务局路庄管理段职工公寓

垦利河务局路庄管理段，始建于1946年

麻湾管理段老院（魏明孔摄影）

麻湾管理段，始建于 1958 年。1983 年东营市建立时设牛庄修防段，1987 年更名为东营修防段，均驻防于此。1993 年东营黄河河务局迁至市区西城办公。图为 2016 年麻湾管理段新办公楼（田保国摄影）

东营局麻湾管理段庭院一角（任何永摄影）

胜利管理段，原名小街分段，始建于 1946 年（垦利河务局提供）

1985 年王庄分段院内一角。图为宋成德段长在向冰凌爆破队部署任务（崔光摄影）

王庄管理段，作为利津河务局的下属单位，始建于 1946 年 8 月，担负着 21 公里堤防及小李险工、
王庄险工、东坝控导工程的管理和养护任务（航拍截图，利津河务局提供）

①	
②	③
④	

① 原西河口管理段旧址

② 1997 年西河口河务段庭院

③ 2012 年至今孤岛（西河口）管理段办公地点（梅涛摄影）

④ 2012 年至今孤岛（西河口）管理段办公地点全景（梅涛摄影）

20世纪90年代前，黄河职工大多居住在河务段。图为利津河务局最偏远的一千二分段全体职工和
他们子女的合影（崔光摄影）。注：一千二分段于1983年设立，2006年合并于集贤河务段

20世纪80年代中期的张滩河务段维修组院内一角，当时正逢机淤任务高峰，张滩维修组承担着全段的机淤管道焊接、除锈维修任务（崔光摄影）

张滩管理段老院一角。图为女职工正在参加县段组织的庆"三八"文体活动（崔光摄影）

20世纪90年代前的张滩分段家属院（崔光摄影）

张滩管理段位于张滩险工左侧，设于1946年8月，是利津黄河河务局的下属单位，担负着14公里堤防及张滩险工、张滩控导、东关控导、暴家嘴险工、刘夹河险工的管理养护任务，编制人数20人

党的组织建设

自人民治黄开始，基层治黄机构就有党的基层组织活动。利津、垦利治黄办事处党支部始建于1946年冬至1947年夏。利津修防段第一任党支部书记王砚农，垦利修防段第一任党支部书记杜更生。至中华人民共和国成立初期，修防段段长都是县委委员。1956年5月，利津修防段首建党组，刘洪彬任书记；1965年垦利修防段首建党组，徐建华任书记；1985年3月东营修防段首建党组，张仁和任书记；同年河口管理段建立党组，张同会任书记；东营修防处于1983年11月建立党组，杨洪献任书记。

人民治黄初期，为更好地发挥基层支部战斗堡垒作用，壮大工人阶级队伍，完成治黄任务，于1948年在修防工人当中发展了一大批党员，保证了战争年代治黄任务的顺利完成，同时为中华人民共和国成立以后党的建设、党员骨干带头作用的发挥

打下了良好基础。如利津修防段1971年党员登记为44人，占职工总人数的42%。

进入21世纪，党的建设全面加强。认真落实党的建设各项任务，较好地发挥了党组织的战斗堡垒作用和党员的先锋模范作用。通过开展一系列党的建设活动，认真履行主体责任和监督责任，狠抓作风建设。健全完善各项规章制度，管理工作更加科学、规范、高效。同时强化"中心组"学习，深入开展党的群众路线教育实践活动和"三严三实""两学一做"学习教育，强化党组强规范化建设，各级领导班子和党员干部执行能力、综合素质得到显著提高。精神文明建设成果丰硕，河口管理局及所属四个县（区）局均步入省级文明单位行列，垦利河务局被中华全国总工会授予"全国模范职工之家"荣誉称号。

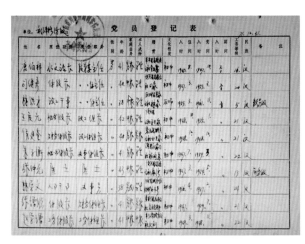

1971年利津修防段党员登记表（局部），时唐伯祥任党组书记。全段有44名党员（利津县档案局资料）

重温入党誓词，深入开展"两学一做"活动

2015年，黄河水利委员会主任岳中明（前左二）在利津河务局机关调研

凝聚青春力量，建设美丽黄河。进入 21 世纪，黄河部门成为众多青年人向往的地方，学历高，专业性强的年轻一代治黄人逐步成为黄河治理的主力军（巴彦斌供稿）

▎工会组织与民主管理

1949年1月各修防段建立工会组织。初设兼职主席，后随着治黄队伍的扩大，设专职主席1人。利津第一任工会主席为许长义，垦利第一任主席为李秀荣。"文化大革命"期间工会停止活动，1980年开始恢复工会组织，并召开职工代表大会，开展民主管理工作。

1982年7月23日，利津修防段召开首届职工代表大会，出席大会代表50人，中共利津县委、县政府、县工会领导及山东河务局有关负责人柏绪勤、王振江、崔纪明与会指导、祝贺，同时惠民修防处所属单位代表列席会议。同年12月14日，垦利修防段首届职工代表大会开幕，出席大会代表51名，垦利县委、县政府、县总工会、惠民修防处及兄弟单位的领导同志参加了大会开幕式。

1988年开始组织开展民主管理达标活动，要求凡涉及职工利益的改革方案、劳动工资、奖金福利等，都要认真听取职工代表意见，充分发挥职工民主管理与监督作用。1997年开展建设"职工之家"活动。

1999年12月，河口管理局工会召开首届职工代表大会。此后，在管理局工会的领导下，各县（区）河务局职代会开展了民主评议干部、"职代会星级创建"、维护职工合法权益等活动。开展"访、谈、帮""送温暖"活动，协助行政进行摸底调查，了解困难职工及职工遗属的生活状况，提出救助建议。同时，工会在人事制度改革、职工下岗和转岗、后勤管理中当好参谋，积极组织劳动竞赛、开展技术学习、技术练兵、技术比武、合理化建议以及女工工作、文体活动。

1995年河口管理局工会及基层单位工会主要负责人合影

利津土方机械队代表小组

宫家分段代表小组

1999 年 12 月，河口管理局召开首届代表大会。此后，管理局、县（区）河务局两级职代会对中层以上干部开展民主评议工作

1982 年 7 月 23 日，利津河务局首届职工代表会召开

依法管河治河

1981年6月，利津修防段设立派出所，配备干警5人，接受修防段、县公安局的双重领导。不久，垦利、东营修防段派出所相继成立，总共配备干警15人。1990年开始，水利公安内部管理划归水政部门，发挥联合执法作用。1982~1991年间发生堤防取土、黄河吸泥船管道被盗、黄河通信线路被盗等案件517起，查处480起，结案率93%。其中，构成刑事犯罪交司法部门判刑的9人，行政拘留20人，劳动教养1人，治安处罚和批评教育多人，收缴行政处罚金23456.5元，追回赃物折款113116.5元。1994年，国家对公安队伍进行体制改革，黄河水利公安在取消之列。此后，派出所只起到保安作用。2002年机构改革，撤销了公安派出所编制。

2010年根据山东省人民政府〔2009〕第42号会议纪要精神和省编办、省公安厅、省河务局《关于理顺黄河公安管理体制的通知》要求，东营市机构编制委员会以东编办发〔2010〕66号文件对东营市沿线黄河派出所进行了批复。黄河河口管理局所辖东营、利津、河口、垦利四支黄河派出所相继揭牌成立。

1990年6月，山东河务局通知成立山东黄河河务局东营水政监察处，各段设水政监察所。1991年3月组建黄河河口管理局，河口管理局水政监察处成立，同时各县区河务局成立水政监察所。2005年1月1日，一个以治理、保护、开发为主要内容的《黄河河口管理办法》颁布实施，黄河河口的治理进入了依法统一管理的轨道。

2015年，水行政综合执法改革工作在河口管理局进行试点。按照省局批复的试点方案，河口管理局全力以赴推进，健全了水政监察大队人员配备，健全完善了与地方部门的联席会议、联合执法等规章制度，执法硬件设施、软件建设、档案管理、执法成效都取得突破性进展，提高了水行政执法效能。黄委在全河进行了推广。

70年来，依法治河管河水平显著提升。加强普法宣传，抓住重要节点和重大案件等关口，强化普法措施，做好法治文化阵地建设，探索新颖有效的法制宣传教育形式和途径。完善水行政执法工作的综合、联合机制，定期开展联合执法检查，严厉打击各类水事违法行为，加大对涉河项目的监管。完善、推广了远程巡视巡查系统，提升水行政执法的信息化能力。河口管理局水政处获得全省"六五"普法先进集体。

1954年1月，山东省交通厅、山东黄河河务局联合发文，强调加强堤防管理，严禁雨雪后行车（刘航东提供）

1990年6月4日，山东河务局批准成立东营水政监察处，同年11月，时任山东河务局水政水资源处处长的田德本、东营市政府副秘书长吴秀清、东营市黄河河务局局长袁崇仁等领导与第一批着装人员合影（王云刚提供）

水政监察所、黄河派出所联合行动进行执法活动（崔光摄于 1992 年 8 月）

2013 年 4 月 11 日，查处清三控导附近未经许可擅自取水行为（赵伟提供）

2010 年，黄河河口管理局所辖东营、利津、河口、垦利四支黄河派出所相继揭牌成立。图为东营黄河派出所揭牌仪式现场

查处孤岛采油厂在河道内打井钻探案

查处未经许可擅自在河道内埋设管线行为（王成锐提供）

垦利河务局水政人员在清理违章建筑

举办法律法规知识竞赛（蒋义奎摄影）

汛期拆除浮桥

水法宣传赶大集

▍黄河工程土地确权

1995年9月，按照黄委统一部署，利津河务局作为试点单位首先开展了黄河工程土地确权划界工作，其中地籍测绘工作技术性强、工作量大，利津局在管理局业务部门指导下，精心组织，克服困难，历经五个月奋战，按期完成任务，经省级主管部门联合验收，评为优秀等级（刘航东提供）

县土管局人员与河务局人员相互配合进行土地确权划界（刘航东提供）

安全生产

1997年，利津县局第二机械队（太托拉车队）安全生产500天，县局安委会送去贺匾以示祝贺

黄河河口管理局在垦利举办消防演习（崔光摄影）

随着职工生活条件的不断提高，交通工具不断改善，30年间，完成了从自行车、摩托车到电动车、轿车的置换。20世纪末，仅利津河务局摩托车就达到170多辆，但也因此带来了安全隐患。为此利津河务局通过建章立制，单位、家庭联防，严格落实规章制度，较好地控制了摩托车伤亡事故的发生。图为利津局在举办安全培训班时对摩托车进行统计（崔光摄影）

战胜凌汛

在过去 100 多年间，黄河口凌汛一直被认为是不可抗拒的天灾。中华人民共和国成立不久，由于旧中国留下的堤防隐患，黄河口遭遇了两次凌汛决口。在此后人民治黄岁月里，黄河口人民除隐患，固堤防，在战胜历年洪水的同时，与黄河凌汛进行了艰苦卓绝的抗争。安全度过了 1969 年和 1970 年有史以来罕见的三封三开的严重凌汛，战胜了 1973 年因冰坝而发生的高水位凌洪，修建了面积达 123.3 平方公里、设计库容 3.2 亿立方米的南展宽工程，有效解决了 30 公里窄河道防凌问题。不断加强凌汛监测，开发了 3G 移动监视系统，实现了凌情实时观测，有力保障了滩区群众的生命和财产安全，为人民群众安居乐业和经济社会发展创造了安全环境。

冰凌爆破

宫家分段完成爆破任务后返回
（崔光摄于 1984 年）

1985 年冰凌大爆破

1985 年黄河口一带出现严重凌情，2 月 5 日，东营市防凌指挥部部署利、垦两县及牛庄区（今东营区）爆破队从麻湾至三分场的窄河道内实施破冰。利津三个爆破队历时三天共完成 7.88 公里，破冰面积 173 万平方米。垦利修防段历时三天完成 480 万平方米，又配合解放军 54849 部队完成十八公里上下 5 公里的爆破任务。仅垦利修防段此次爆破就用炸药 23.97 吨，雷管 8092 个。这是迄今为止最大的一次冰凌爆破，各修防段爆破队圆满地完成了任务，锻炼了黄河职工。本组照片为用一部小型华夏牌 135 相机，全程近距离对利津修防段三个爆破队进行的跟踪拍摄（组照由崔光摄影）。

1985 年 2 月 7 日，利津修防段三个爆破队在王庄分段集合，对险要河段进行集中破冰。图为段长宋成德部署爆破任务

爆破队员呈散点式在量好的位置上打孔布雷

安全员负责对过往行人发出警示

爆破队出发，奔赴指定地点

张滩段爆破队长胡光兴

对炸药包再清点一遍

运送炸药包，三人为一小组

用布线车进行布线

2月5日，宫家分段爆破队首先对宫家险工上首进行破冰

接线布雷一丝不苟

布好雷撤出现场后，起爆员连接起爆器，观察现场，听好口令，按钮起爆

大面积起爆

精心打造水上长城 防洪工程体系形成

　　1983 年成立东营治黄机构以来，共加高帮宽堤防 147.305 公里，加固大堤 214.60 公里，硬化堤顶道路 115.631 余公里，新建、改建险工 43 处 227 段坝，在河道内新（续）建、加固控导护滩工程 23 处 180 段坝，共完成土方 3997.34 万立方米，石方 89.41 万立方米，累计完成各类防洪工程建设投资 12.97 亿元，形成了较为完备的防洪工程体系。工程管理水平不断提高，工程面貌日新月异，全局有 18 项工程被评为黄委、省局"示范工程"。2015 年通过竣工验收的河口模型试验厅、模型制作及附属工程，加快了黄河治理开发与管理现代化的进程。

砌石护坡（垦利河务局提供）

为解决绿化成活率低问题，利津河务局自 2004 年春开始大堤绿化抗盐碱技术研究。对适宜盐碱堤段的草种、栽植方法和管理方式进行系列试验。试验结果表明，播撒"狗牙根"草种最为成功。图为利津河务局张滩管理段堤防（航拍截图，利津河务局供稿）

标准化堤防初步形成（航拍截图，2016 年 8 月摄于利津小李险工段）

堤坡整平（垦利河务局提供）

堤防工程管理

历代治河重视堤防，凡以河事为重者，从不疏忽堤防的管理与养护。早在秦汉时就有"岁卑增之""令贫下守之"的规定。宋代建立了治河责任制度；明清设置专职官兵守护，"每二里设一堡房，驻宿堡内，常川巡守"；民国沿袭明、清规定的"四防（昼、夜、风、雨）二守（官、民）"和"春厢冬巡"旧制。

中华人民共和国成立后堤防管理实行"专管与群管"相结合的组织形式。河务部门设专职管理人员，沿河县、乡（公社）建立护堤组织，明确"五护八禁"等管理目标，制定护堤政策和管理措施，平时检查督促，年终总结表彰。20 世纪 80 年代初，建立公安派出所，进行法制宣传，查处违章案件。1989 年以后，进行工程管理体制改革，实施"示范工程"建设活动，建设了一批精品工程、亮点工程。

进入 21 世纪，按照国家、地方政府和黄河主管部门制定的法律、法规文件进行管理。2004 年，黄委提出"管养分离"要求后，制定配套管理办法，构建"管养分离"运行机制。在此基础上，开展国家一、二级水管单位创建工作，提高堤防工程管理现代化水平。

2007 年 9 月全省局科学发展观观摩会与会人员在利津局参观堤防与经济开发情况（崔光摄影）

1986 年 8 月，东营修防处组织各修防段主要领导及工管科长赴山东黄河上游单位参观学习工程管理，这是东营修防处成立以来首次赴上游参观学习。图为在德州齐河险工合影。合影者有东营修防处主任杨洪献（后排右三）、利津修防段段长宋成德（后排右二）、垦利修防段段长张荣安（后排左三）、河口管理段段长张同会（前排右二）、牛庄修防段段长史庆德（后排右一）等（崔光摄影）

离退休人员参观工程管理（崔光摄影）

土牛。在堤防、险工处每隔一段距离都堆筑数十方备用土方，俗称为"土牛"（崔光 1988 年摄于綦家嘴险工）

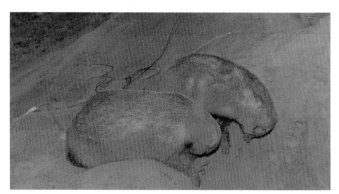

中华人民共和国成立后实施捕害和消灭隐患奖励政策，1984 年规定捕获一只獾、狐奖 25 元。《东营黄河志》载：人民治黄 40 年来全河共捕获害堤动物 5.65 万只。图为捕獾现场与参与捕獾的集贤村农民（张振峰摄影）

捕捉害堤动物——狗獾。图为 20 世纪 90 年代初在利津集贤大堤临河处捕获的两只狗獾。獾洞长达十几米

黏土盖顶（垦利河务局提供）

南展堤堤顶整修（垦利河务局提供）

拖拉机带动刮平机整修工程（崔光摄影）

职工冒雨顺水（垦利河务局提供）

《黄蓝交汇》拍于东营（李忠摄影）

矢志尾閭暢

▎综述：从摆动到稳定，黄河治理实现历史性突破

1983 年 10 月，随着东营市的成立，一个亟须解决的现实问题摆在了黄河口决策者面前：黄河三角洲的全面开发、胜利油田的发展、东营市的规划定点与黄河尾闾摆动的矛盾日益尖锐。若是一如既往，任其自由摆动，三角洲开发建设的长远目标不但难以实现，已有的建设成果也会付诸东流。因此，黄河入海流路必须相对长期稳定，才能保障黄河三角洲的开发、建设与发展。

人民治黄以来，黄河人为黄河入海寻找出路的脚步一直未停。1953 年和 1964 年，分别进行了小口子裁弯改道和罗家屋子分洪改道。因势利导，减少了受灾损失。在取得经验的基础上，于 1976 年进行了治黄史上第一次有计划、有目的、有组织的人工改道实践——黄河改道清水沟，由此揭开了河口治理史上"固住河口，稳定流路"的新篇章。

1988 年，行水 12 年的清水沟已显老态：河床淤积抬高，支流汊沟增多，改道迹象日趋明显。何去何从，已容不得半点犹豫与踌躇。在一次专家论证会上，黄河部门拿出了"稳定黄河口清水沟流路三十年以上的初步意见"，很快，"市府出政策，油田出资金，河务部门出方案"的三家联合治理方针出台。"截支强干，工程导流，疏浚破门，巧用潮汐，定向入海"的河口治理方略进入实践。自 1988 年至 1993 年，先后截堵支流汊沟 80 多条，延长加高北岸大堤 14.4 公里，修做导流堤 53 公里，修建控导护滩工程 3 处，险工 3 处，清除河道障碍 20 平方公里，爆破和挖除红泥嘴、鸡心滩面积 3.4 平方公里，每年组织船只在入海口处近 20 公里的河道内来回拖淤，累计完成土方 1449 万立方米，石方 10.69 万立方米。

河口疏竣治理达到了预期效果。河口没有改道，油田安全生产，海港继续建设，外来投资者再次注目黄河口。为进一步稳定清水沟流路，1996 年又在入海口段成功实施了清 8 人工出汊造陆采油工程，缩短了河道流程，畅通了入海口门，大大减轻了"96·8"洪水危害。

人民治黄 70 年，清水沟流路稳定入海 40 年，黄河的安澜与流路稳定之梦，已逐步在黄河人手中变为现实。

黄河入海口造陆（ *胡友文摄影* ）

第一章
考察研讨

▍ 考察　研讨　实践

人民治黄七十年来，对黄河口治理的研究探讨工作从未中断。但以往的研究重点大多是围绕油田的生产需要，对防洪工程建设和入海流路安排进行研究。当东营市和胜利油田提出稳定清水沟入海流路40~50年的建议后，对黄河口的考察、研讨成为新的热点。

为了促成认识的升华和统一，胜利油田委托中国水利水电科学研究院和山东河务局开展咨询和研究，两家得出的初步结论是：稳定清水沟流路30年以上是可能的。在此基础上，东营市和胜利油田又多次组织有关方面的专家、学者及新闻媒体到河口进行实地考察调研，召开学术交流会议，对河口治理技术措施进行探讨，认真听取各方面的观点和意见。1985年前后，以稳定黄河入海流路为主的各种理论观点应运而生，先后提出的主张和见解包括挖沙降河、疏浚拖淤、分洪放淤减沙、加高堤防及整治河道、大小水分流、计划改道轮流走河、三角洲顶点下移等。通过多次研讨，在政界和学术界达成一种共识：充分利用现代科学技术优势和社会经济发展条件，保持清水沟流路相对长期稳定不仅是必要的，而且是可能的。

1988~1993年开展河口疏浚整治试验取得初步成效后，党和国家领导人先后发出加强河口治理研究的指示，国家科委亦把黄河河口治理研究课题纳入"八五"和"九五"科技攻关项目。许多科研单位、大专院校纷纷制定立项计划和研究目标，使黄河口治理研究工作形成多学科交叉和多专业配合的强大阵容。

1991年10月17~21日，国家能源部、水利部和黄委联合在东营召开黄河入海流路规划查勘研讨会。与会专家一致认为：清水沟入海流路继续行河30~50年的方案是可行的。

1987年，李烨（中，时任胜利油田党委书记、东营市委书记）等领导在黄河入海口调研，在船上午餐

1988年6月28日，黄河三角洲经济技术和社会发展战略研讨会在东营召开，会议通过研讨、考察、论证，由费孝通、钱伟长上书国务院，提出了河口治理列入国家计划的建议。图为专家在入海口考察

1988年6月黄河三角洲发展和河口治理研讨会召开期间，与会专家学者在入海口考察。东营修防处高级工程师王锡栋（图中讲话者）参加了会议并向国务院总理李鹏写了专题报告，提出河口应设立科研机构，落实治理投资等建议

1996年2月13日，黄河口治理研究所召开第二次工作年会，山东省政协副主席李殿魁、东营市委书记国家森、胜利石油管理局局长陆人杰、山东河务局局长李善润、黄河水利科学研究院副院长张洪武等领导专家出席

专家在黄河入海口考察

1996年5月21~26日，全国政协副主席杨汝岱在东营市视察。图为听取河口治理情况的汇报（崔丽英摄影）

1997年4月，黄河断流及其对策专家研讨会在东营召开，会议由国家计委、国家科委、水利部联合主持，国家有关部委、高等院校、科研机构和山东、河南两省的70多位专家、代表参加会议。与会人员就黄河断流成因与发展趋势、解决黄河断流的方略和对策进行了讨论

①	②
	③
⑤	④

① 研究成果专著

② 考察人员在入海口

③ 2003 年 3 月，由中国水利学会、黄河研究会主办，东营市人民政府、胜利石油管理局、山东河务局协办的黄河河口问题及治理对策研讨会在东营市召开

④ 中组部调研河口

⑤ 专家考察黄河口

第三届黄河国际论坛在黄河口召开

2007 年 10 月 16 日上午，第三届黄河国际论坛暨首届黄河口旅游文化博览会在东营市蓝海国际大饭店隆重开幕。山东省副省长贾万志，国家水利部副部长矫勇，西班牙环保大臣克里斯蒂纳·纳沃纳女士，世界水理事会主席洛克·福勋先生，东营市市委副书记、市长张建华，黄河水利委员会副主任徐乘参加。国家水利部原部长杨正怀、山东省政协原副主席李殿魁等在主席台就座。国家水利部副部长胡四一主持开幕式。

黄河国际论坛首创于 2003 年，是以黄河为平台、增进国际水利界特别是河流治理与管理学术交流与合作的大型国际研讨会。本届论坛的主题为"流域水资源可持续利用与河流三角洲生态系统的良性维持"。

来自 60 多个国家和地区以及沿黄 38 个城市的 1000 余名代表参加本次活动，其中境外代表 300 余人。

与会代表进入会场

外国专家在黄河考察（崔光摄影）

第三届黄河国际论坛外国专家在黄河口自然保护区考察（崔光摄影）

第二章
黄河愚公　稳定黄河入海流路的探索之旅

▌1988 ～ 1993 年黄河口疏浚治理试验

1987 年，黄河清水沟流路已行水 12 年，利津以下河道比改道前延伸了 29 公里，河槽淤积严重，泄流不畅，造成该年凌、伏两汛河口地区漫滩受灾，迫使滩区油田两度停产。时东营市初建，非常需要一个稳定、安全的发展环境，倘若黄河入海口摆动改道，势必为方兴未艾的东营市建设发展形成障碍。因此说，黄河尾闾的状况，影响东营的现状，决定东营的未来，治理河口、稳定黄河现行流路，成为黄河三角洲全面开发、东营经济社会发展的前提。

为延长清水沟流路行水年限，经黄河水利委员会同意，1988 年 4 月，"市府出政策，油田出资金，河务部门出方案"的三家联合治河方针出台。东营市、胜利油田和黄河部门（现黄河河口管理局）联合在河口进行了疏浚治理试验。采取"截支堵汊、强化主干、束水导流、定向入海、清障拖淤、疏浚河门、巧用潮汐、以潮输沙、护滩保槽、稳定河势、宽河固堤、确保安全"等措施，先后截堵支流汊沟 80 多条，疏通河道障碍 4 处；利用耙拖、射流冲沙、推进器搅动等方法在清 7 以下河段往返拖淤 5000 余台班；新修导流堤 40 公里，改修导流坝 12 公里；修建西河口、八连等控导工程；修建北大堤顺六号路延长工程长 14.4 公里，末端与孤东南围堤相连，将河道摆动顶点下移到清 7；修建分洪放淤口门 18 处，汛期进行放淤试验；1993 年春在清 10 进行裁弯取直，开挖引河 2000 米。

1988 年到 1993 年的疏浚治理，使尾闾河道状况得到改善。主要表现在拦门沙阻水程度减轻，泥沙外输数量增加，河门畅通，泄洪涡凌较为顺利，河口防洪压力缓解。

1988 年 6 月中、下旬，黄河三角洲经济技术和社会发展战略研讨会在东营召开，会后于光远、李人俊等著名学者经实地考察论证后，联名向国务院总理李鹏呈送《黄河三角洲经济开发与河口考察报告》。报告中指出："为了保障和稳定胜利油田建设，相对稳定黄河入海流路是极其必要的。"

1988 年河口疏浚指挥部副指挥程义吉，工务科长赵相平，副科长孙本轩、陈兴圃在导流堤工地上

1988 年 5 月，河口导流堤测量（赵相平提供）

1988 年 6 月清 7 截流工地（赵相平提供）

河道整治之———八连护滩进占（崔光摄影）

捆枕进占截堵河口沟汊

南汊河截流之机械推土闭气

各县区修防段调集精干职工赴清7截流工地，右为利津修防段原工务股股长张相农，特聘为技术指导

▋ 清7截流

清7断面以下北汊河为胜利油田在1986年开挖的分水河道，长2.5公里，至1988年春，过流占来水的80%以上，大有夺流改道之势，危及孤东油田。同年5月开始截堵，采用土坝合龙。土坝前事先排打钢管桩，布挂铅丝网片，网前排放尼龙袋装土至出水高度，同时两岸相向进土，直至合龙闭气。本组图片为清7以下北汊河截堵实况组照（组图由崔光摄影）。

利津修防段段长宋成德在轮班间隙强调注意事项

抛掷土袋

船只对钢管桩牵拉固定

右岸抛掷土袋

① ②
③
④ ⑤

① 进土与抛土袋同时进行

② 截流接近尾声，水流愈急

③ 胜利合龙

④ 在临时搭起的帐篷里，领导们在研究部署任务

⑤ 胜利油田四台大型推土机开赴工地

1989年10月6日，800吨拖船通过治理后的黄河入海口，驶向中原油田

▌入海口门疏浚

海狸160号在口门处进行疏浚

河口疏浚之打通拦门沙

拖淤船在黄河口拦门沙处作业

挖河固堤

在河口治理一期工程实施的同时，挖河固堤由梦想变为现实。1997 年 11 月 23 日，黄委、山东河务局、东营市、胜利油田及河口管理局在利津县崔家控导举行黄河下游挖河固堤试验启动工程开工仪式，正式拉开挖河固堤工程序幕。这项工程跨越 7 年，8 次组织施工，历经三次调水调沙。黄河人以实际行动演绎了一场大气磅礴的现代版愚公移山。挖掘机、自卸车、组合泥浆泵、挖泥船等多种机械设备轮番上阵，近万人参加，共挖出泥沙 1057 万立方米，加固堤防 24.8 公里，疏浚河道总长度 53.6 公里。挖河固堤降低了河床，减缓了淤积，为黄河入海流路稳定提供了保障。

绞吸式吸泥船用于第三期挖河固堤中

利用枯水期进行旱挖，图为罗家屋子施工段（崔光摄影）

1997 年 11 月黄河口挖河固堤在利津崔庄控导启动（崔光摄影）

采用挖塘机进行挖河固堤（崔光摄影）

挖河固堤之旱挖中的一个场面

1996 年，修建三十公里引黄闸（张立传提供）

三十公里险工（张立传摄于 2012 年 11 月 7 日）

▎一期工程

1996 年，国家计委批复了《黄河入海流路治理一期工程项目建议书》，河口治理从最初的探索开始走上了国家高层的决策。

一期工程总投资 36416 万元。历经 10 年，先后完成了北大堤沿六号路延长工程，孤东油田南围堤加高加固和险工工程，南防洪堤加高加固及延长工程，清 7 以上河道整治、险工建设工程，十八户、中古店、清 3、清 4 等控导工程的新建续建，护林控导工程改建以及北大堤防护淤临，北汊 1 改道引河开挖工程等。一期工程经受了"96·8"洪水和 2002 年以来四次调水调沙的考验，初步建成了河口防洪工程体系，为河口地区的经济社会发展提供了安全保障，促进了黄河三角洲经济社会发展和胜利油田的开发建设，取得了良好的经济效益和社会效益，对改善河口河势、延长现行清水沟流路的行水年限起到了重要作用。

北大堤顺六号路工程（张立传摄于 2012 年 11 月 13 日）

西河口控导工程（张立传摄于 2014 年）

三十公里险工现状（张立传摄于 2015 年 9 月 13 日）

八连控导工程（张立传摄于 2016 年 8 月 17 日）

调水调沙与生态补水

2002年，水利部部长汪恕诚提出"黄河不断流，污染不超标，堤防不决口，河床不抬高"的要求后，黄委把解决下游河床不冲不淤的相对动态平衡确立为一项紧迫任务，从2001年初开始酝酿的调水调沙试验，目的是寻找黄河下游泥沙不淤积河道的临界流量和临界时间，让河床泥沙尽可能冲刷入海；通过验证演算，深化对黄河水沙运动规律的认识，掌握小浪底水库的科学运用方式。

黄河首次调水调沙试验始于2002年7月4日，至2004年7月，三次调水调沙试验取得丰硕科研成果。2005年，黄河防总决定当年6月开始的调水调沙正式转入生产运行。

从2008年开始，连续8年实施了黄河三角洲生态调水，累计补水1.48亿立方米；从2010年开始，又连续6年进行了以保护新增湿地为主要目标的黄河三角洲生态调水暨刁口河流路恢复过水试验，补水近1.62亿立方米。刁口河位于黄河三角洲北部，全长约55km，是国家批准的黄河备用入海流路，自然保护区的4.85万公顷居于刁口河河口。遥感数据对比显示，生态调水恢复退化湿地面积25万余亩，增加水面面积7.5万亩，有效维持和改善了河口地区生态环境。

2004年6月24日，中央电视台在利津水文站对第三次调水调沙进行实况转播（崔光摄影）

1976年黄河人工改道罗家屋子截流处。现建有崔庄控导工程，为清水沟流路河道整治重要工程之一。
2010年黄河刁口河故道人工补水由此过流（航拍截图，利津河务局提供）

2004 年调水调沙后河道刷深（崔光摄影）

2011 年 6 月 28 日，刁口河生态调水（张立传摄影）

刁口河故道

自由翱翔——黄河口湿地的鹤群（徐树荣摄影）

黄河水通过罗家屋子闸，沿刁口河故道向下游延伸

清 8 出汉工程

为缓解河口地区防洪压力，延长清水沟流路使用年限，结合胜利油田造陆采油的需要，在不影响黄河入海流路规划精神的前提下，河口管理局与胜利油田在 1996 年初共同组织人员查勘策划，确定在清 8 断面附近采用人工出汉措施，调整入海口门位置，将向南偏转的行河方向改变到东北方向入海，充分发挥海洋动力作用和泥沙资源优势填海造陆，在优化尾闾河势的同时达到变海上油田为陆上开采的目的，取得治河与采油互利的双重效益。

工程于 1996 年 5 月 11 日开工，7 月中旬基本完成。至 8 月 28 日引河形成单一集中水流。为巩固出汉工程效果，防止再度出现新老河道分流局面，1997 年先行恢复截流坝工程。1998 年又在引河上端修建简易防护工程。

清 8 出汉工程使西河口以下流路长度由 65 千米缩短为 49 千米，河床比降由万分之零点九调整到万分之一点二。至 1997 年 10 月底，清 8 汉河已塑造成单一、窄深、顺直、稳定的河槽。河道纵比降经过自然调整后，在防洪减灾、海油陆采等方面效果显著。

清 8 出汉工程施工工地

清 8 改汉后的黄河入海形势

清 8 出汊工地留影（刘彤宇提供）

清 8 出汊工地

利津张滩河务段施工人员在清 8 出汊工地，自右至左：刘彤宇、高宗诚、英安成（时任张滩段段长）、纪爱民（刘彤宇提供）

清 8 出汊工地之帐篷里的午餐（刘彤宇提供）

断流之痛

1972年4月23日，黄河断流19天，长度278公里。这是中华人民共和国成立后黄河第一次自然断流。此后记录显示，1972~1999年的28年间，有22年出现河干断流，累计断流1079天。20世纪90年代，黄河年年断流，断流天数递增，断流时间提前，断流范围扩大。1997年，地处河口段的利津水文站13次断流，历时226天，断流河长上延至河南开封市以下的陈桥村附近，达704公里。就是这一年，黄河水300多天没流入大海。

入海水量的减少，使河口近海水域的盐度增加，鱼卵种类减少，密度降低。同时，也导致底栖动物的栖息密度和生物量降低。20世纪末与70年代相比，黄河三角洲湿地萎缩将近一半，鱼类减少40%，鸟类减少30%，黄河断流，导致黄河入海口自然生态逐渐恶化已成为不争的事实。

1997年，山东因黄河断流直接经济损失高达135亿元，沿黄2500个村庄，130万人吃水严重困难，黄河三角洲依靠黄河水而种植的高产水稻由35万亩不得不减少到十几万亩。因无淡水回填，胜利油田部分油井限产、压产，生产受到严重损失。

1996年黄河断流130多天。图为黄委调水进入东营黄河段时的情形（蒋义奎摄影）

听说黄河来水了，当地群众来到河边看水（蒋义奎摄影）

1997年10月，黄河利津段断流近200天。这是利津宫家险工下首仅存的一洼水，对岸群众利用柴油机在此取水（崔光摄影）

防汛抢险演习、比武、训练

1989年抢险演习，东营区河务局在五庄护滩修做柳石搂厢（赵相平提供）

1989年5月30日，东营修防处在利津五庄护滩举行抢险技术大比武，有211人参加。主要项目有"修做柳石搂厢""捆抛柳石枕"及"个人单项模拟操作"等（崔光摄影）

利津抢险队在进行"捆抛柳石枕"项目竞赛（崔光摄影）

1989年五庄抢险演习中的一个场面（垦利河务局提供）

垦利修防段抢险队夺得总分第一名。图为修做柳石搂厢（崔光摄影）

垦利、利津、东营三支抢险队并排开展比武竞赛（崔光摄影）

①②
③
④

① 垦利修防段工务科长谭西法介绍抢险
   演习内容

② 观测背河出水口

③ 1989 年 7 月 17 日，由省防指组织
   的防汛抢险演习在垦利举行。图为垦
   利修防段抢险队在进行临河堵漏演练
   （崔光摄影）

④ 20 世纪 90 年代的防汛抢险实战演习

2007 年东营市黄河防汛抢险演习

2007 年 7 月 2 日上午 9 时，东营市人民政府、胜利石油管理局在利津县崔庄控导举行了黄河防汛联合演习。胜利油田、武警东营支队、利津县、东营区及省属第七专业抢险队共五支抢险队 500 多人参加了演练。

实战训练项目主要由冲锋舟水上救生、捆抛柳石枕、人工编抛铅丝笼、软料反滤围井修做、机械旋转打桩、应急膨胀袋堵漏、机械配合装抛合金钢笼、机械配合运抛石抢险等组成。这是东营市成立以来参与人数最多、抢险技术含量最高、项目齐全且与实际抢险相结合的一次集中演练，重点突出了抢险技术和大型机械的配合，从多角度展示了现代化抢险的实践。整个场面紧张有序，恢宏壮观。演习场地位于崔庄控导工程 22 号坝，这是每年汛期的重点防守段，此时大河流量正处于 3870 立方米每秒，演习项目中的捆抛柳石枕、机械配合装抛合金钢笼、机械配合运抛石抢险与正在实施的抢险固根进行了有机结合（组照由崔光、张立传摄影）。

集结待命

快速进入演习现场

抢做反滤围井

修做土袋子埝

演习冲锋舟水上救生

机械配合抛石抢险

机械散抛石

吊车抛铅丝笼

总结表彰

主要比武、演习剪影

①	②
③	④
⑤	
⑥	⑦

① 1990年全市防汛抢险演习——背河抢修反滤围井（崔光摄影）

② 1992年，利津宫家抢险队队员宫鸣奎在单人打桩比赛中（崔光摄影）

③ 等待那一声号令——利津河务局张滩分段抢险队抢修反滤围井（崔光摄于1993年7月于东关控导）

④ 1993年利津河务局举办防汛抢险演习。图为队员们抢修反滤围井后小憩（崔光摄影）

⑤ 1993年利津河务局举行黄河防汛抢险比武，黄河河口管理局局长袁崇仁、利津县县长曹连杰为获胜者颁奖（崔光摄影）

⑥ 桩绳训练（垦利河务局提供）

⑦ 战洪峰（蒋义奎摄影）

垦利河务局举办大型抢险训练（垦利河务局提供）

利津抢险队进行推枕护根抢险（崔光摄于 2002 年）

河口区抢险队捆抛柳石枕（张立传摄于 2003 年 7 月 17 日）

苦练硬功（利津河务局提供）

民兵驻防改革探索

为弥补黄河专业防汛抢险力量的不足，2001年东营市防指决定在东营区开展黄河民兵抢险队上堤驻防试点工作。抢险队以东营区龙居镇民兵为主，在东营区防指的直接领导下，采取由河务部门负责队伍的组织建设、技术培训和日常管理，人武部门负责军事训练的管理模式。自2002年开始正式上堤驻防，经过几年来的总结实践，逐步探索了"以群补专、专群结合、政府投资、人武培训、河务参谋、平战结合"的防汛队伍组织建设新途径。

上堤驻防以来，这支民兵抢险队在黄河调水调沙期间和日常的工程管理中发挥了主力军作用，完成了许多急、难、险、重任务，为工程抢护赢得了时间，确保了工程安全，得到了省、市、区各级领导的充分肯定和高度赞扬。

2007年6月22日，贾万志副省长与东营区黄河民兵驻堤抢险队合影留念（东营河务局提供）

抢险队员演练打手硪—东营局（田保国提供）

迎战（徐树荣摄于2007年7月）

"96·8" 抗洪

1996年8月发生的利津站流量4100立方米每秒的洪水，水位高达14.70米，接近历史最高洪水位（历史最高水位为1976年的14.71米）。在短短的16天内，由于洪峰水位偏高，导致防洪工程出险475段次。护滩漫顶、坍塌、墩蛰等险情相继发生。黄河职工及沿黄群众全力以赴，抛石5139立方米，用软料234吨，工日2436个，经过20多个昼夜的拼搏，终将洪水安全送入大海。这次洪水，东营市20处滩地进水，11个乡（镇）123个村庄受灾，淹没农作物6.56万亩，直接经济损失达3462万元。其中，南宋、东关和付窝三处滩地全部被淹，南宋、东关滩内10个村庄5466人被洪水围困。经全力抢救，3400人迁出堤外，未迁人员亦被安置在高台避水，避免了人员伤亡。

"96·8"抗洪，麻湾险工新修工程抢险（东营河务局提供）

1996年8月17日，河口河务局职工装填土袋应对洪水（河口河务局提供）

参加1996年抗洪抢险的黄河职工（垦利河务局提供）　　"96·8"抗洪，利津东关护滩下首民房几近进水（崔光摄影）　　"96·8"麻湾险工新修工程漫水（马琳提供）

▋ 抗洪抢险剪影

抗洪表彰

利津南宋乡滩区全部漫滩。图为五庄控导工程坝顶漫水，黄河职工与民工在进行挂柳缓淤抢险（崔光摄影）

东营区局干部职工在洪水中挂柳缓淤（东营河务局提供）

利津崔庄控导抢险（崔光摄影）

王庄险工 43 号坝抛石护根（崔光摄影）

护滩抢险——推枕护根

1985 年王庄险工抛石护根（崔光摄影）

上防民工巡堤查险

2013 年 7 月 27 日，清三上延工程抢险

汛期探摸根石

修做柳石搂厢

随着黄河口河道治理的全面展开，20世纪80年代中后期新增、续建险工、控导工程
多处。图为由利津河务局组织的施工队在崔庄护滩施工（崔光摄影）

第三章
黄河口模型建设

▌河口物理模型

河口物理模型大厅坐落于东营市东城区广利河南岸，东靠东营市的南北中心轴胜利大街，四周与美丽的雪莲大剧院、东营市科技馆、图书馆和奥体中心等建筑交相辉映。河口物理模型大厅是通过实体模型、数学模型和原型资料分析等手段，研究和探索河口演变规律、推进河口治理研究的一项重点工程。

河口物理模型大厅、模型配套设施及其附属工程自 2006 年 11 月 16 日开工建设，2015 年 12 月 23 日通过了河口管理局组织的竣工验收，共完成投资 9217.56 万元，其单体建筑面积为 45332.98 平方米，主要包括河道厅和海域厅两部分，其中河道厅建筑面积为 2800 平方米，平面呈矩形，跨度 24 米；海域厅建筑面积为 42533 平方米，平面呈扇形，圆心夹角为 98 度，内圆弧长为 144 米，外圆弧长为 400 米。河口物理模型大厅因海域厅单体跨度达到 148 米而拥有"亚洲第一跨"的美誉，已成为东营市一个璀璨夺目的新地标。模型配套设施及附属工程于 2014 年 10 月 20 日开工，2016 年 4 月 15 日河口物理模型大厅、模型配套设施及其附属工程通过了山东黄河河务局、黄河水利科学研究院等单位的最终竣工验收。

河口物理模型基地是"模型黄河"的重要组成部分，是"维持黄河健康生命"的重要科研试验基地，建设过程得到水利部、黄委、山东省和东营市以及胜利油田的高度重视和大力支持。模型基地建成后，将成为集科研、爱国主义教育、科教普及和黄河文化展示为一体的现代化基地。

领导专家为模型基地奠基

模型大厅内景（蒋义奎摄影）

庆典仪式

黄河口物理模型开始打桩施工（崔光摄影）

建设中的黄河口模型（崔光摄影）

2016 年的黄河口模型大厅（李忠摄影）

第四章
标准化堤防建设

摄影作品《埽工奏鸣曲》之险工改建（孙志遥摄影）

2016 年的左岸堤防（航拍截图，利津河务局提供）

2016 年，王庄险工下首接长，图为工程施工现场一角（航拍截图，利津河务局提供）

土方施工（利津河务局提供）

沥青罩面（利津河务局提供）

利津王庄险工改建（巴彦斌摄影）

险工改建之精益求精（蒋义奎摄影）

大堤植草（巴彦斌摄影）

黄河河口管理局职工踊跃参加在东营举办的国际马拉松赛

下篇

文明花盛开

第一章
不断发展壮大的产业经济

▍施工经营

建筑施工业是经济创收的支柱行业，每年产值占全局经营总收入的比例多年稳定在 80% 左右。1989 年以后，通过改革体制、整合资源、提升资质，从各自为战发展为集约化经营，有效地壮大了企业整体实力。1995 年前，利津、垦利、东营、河口各有一支土方工程机械施工队。1995 年山东黄河工程局建立并设 4 个工程分局，河口管理局为其所辖的第一工程分局。各县（区）河务局所辖施工机械队亦更名为工程处，施工经营业务归属第一分局统一管理。

1999 年初河口管理局筹建东营市黄河工程局，正式取得企业法人资格和营业执照。2003 年根据黄委制定的"政企、事企分开"机构改革要求，河口管理局重新注册为山东乾元工程集团有限公司，所有制性质由国有独资改变为国有控股的股份制企业。

从 20 世纪 80 年代初利津修防段贷款组建黄河上第一家自负盈亏的第二土方施工机械队，到 2003 年山东乾元工程集团有限公司的改制重组，河口管理局利用自身土石方施工经验和技术优势，面向社会广揽活源，积极走出黄河闯市场，闯出了一条自我维持、自我发展的强局之路。

机械队成立时的推土机、铲运机设备

1980 年，山东黄河河务局举办第一期企业管理研究班，利津修防段副段长张荣安（第四排右二）参加（张荣安提供）

走向社会承揽工程

1986 年初，联合国世界粮食计划署援建项目利津县对虾养殖开发全面拉开帷幕。黄河利津修防段（利津黄河河务局）土方机械施工队成为虾池开挖的主力军。在利津县 1733 公顷的虾池开挖建设中，利津修防段投入铲运机、推土机 40 多部，人员 100 多名，在海拔不足 1 米的滩涂上艰难施工。他们克服了地下水位高、土层复杂以及海潮、飓风侵袭等困难，不计报酬，不畏艰险，边干边摸索施工经验，圆满完成了所承担的施工任务。图为部分职工及施工人员在工地营房合影。营部设在一段防潮堤上，后面是潮间带。

利津机械队在海滩施工（崔光摄影）

利津县开发滩涂建设虾池工程中，利津修防段机械队承担了 1200 亩的开挖任务。图为开挖虾池的机械队职工（崔光摄影）

1993 年 3 月，利津河务局机械队首次远征广东珠江承揽工程。图为县局领导为职工们送行（崔光摄影）

1999年10月，利津黄河河务局对所属施工企业进行整合重组，在原工程处基础上正式组建为具备水利水电总承包二级资质的利津黄河工程有限公司，施工能力大大增强。图为2000年春公司中标施工的济南槐荫大堤加高工程施工现场（刘航东提供）

2003年，黄河河口管理局对所属五个二级以上水利水电施工企业统一整合为山东乾元工程集团有限公司，所属子公司山东利津黄河工程有限公司积极开拓市场，率先出击，投资400余万元，购置了摊铺机、压路机等筑路设备，经济效益显著。图为施工人员正在实施利津黄河堤防道路路面施工作业（刘航东提供）

淤区整平，修筑渠道，为淤区经济发展奠定基础（崔光摄影）

王庄淤区银杏林（崔光摄影）

利津河务局小李园林场的冬枣（崔光摄影）

综合经营

黄河综合经营始于1955年，以植树为主。1960年曾组织生产自救，开展种植养殖，当时利津、垦利两段曾收入粮食2万公斤，菜蔬6万余公斤。党的十一届三中全会后，1980年黄委提出"安全、效益、综合经营"三项基本任务，确立了综合经营的地位。1984年水电部将改革水费和综合经营列为水利管理的两大支柱。1985年起，利津段率先通过借、贷款50万元，购进铲运机20部，组建土方施工队，垦利、东营段也相继增加和新建土方机械施工队走向社会承揽工程。1989年以后，河口管理局把发展黄河产业经济、调整经济目标作为工作重点，使土地开发、工程咨询、设计、施工、引黄供水等领域的经营项目发展为集约化经营企业，逐步形成第一、二、三产业。

· 淤区开发 ·

淤区经济林（崔光摄影）

·种植 养殖 加工·

1990 年春，段长张荣安带头参加稻田劳动

1990 年，垦利河务局参加垦利县 6 万亩稻田开发工程。图为职工们在稻田劳动
（刘亮亮提供）

1997 年 2 月，河口河务局西河口河务段养殖的肉牛（张立传提供）

利津河务局开发种植的白莲藕

河口河务局养鹿（张立传提供）

2003 年 10 月，省局黄河产业经济现场会与会人员参观河口区河务局精品服装街

利津王庄分段的猪饲料加工（崔光摄影）

河口河务局大力发展种植养殖业。图为 1997 年 6 月 14 日，河口河务局西河口河务段
职工在晾晒小麦（张立传提供）

管理段的庭院经济（崔光摄影）

东营河务局加大执法力度，依法收回被村民强占多年的曹店果园。经过悉心管理，
1990 年、1991 年，苹果连年喜获丰收，职工喜悦之情溢于言表（王云刚提供）

利津河务局参股兴建的盐窝浮桥

利用长距离输沙机械进行城市有偿供土（崔光摄影）

· 因地制宜　特色经营 ·

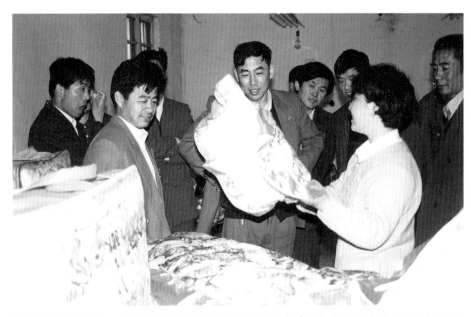

在多种经营交流会上，时任黄河河口管理局局长的袁崇仁和与会者参观垦利河务局生产的太空被系列产品（垦利河务局提供）

山东黄河医院垦利分院的建立，方便了黄河职工和小区居民（崔光摄影）

九龙公司酿酒车间（崔光摄影）

银杏品牌。利津河务局的股份制企业东营九龙绿色食品有限公司，依托黄河淤背区 243 亩银杏园从事酿酒和制茶，2004 年公司生产的银杏仁酒、银杏叶酒等八个系列十一个品种的白酒和银杏茶、银杏果被认定为无公害产品

·打造品牌·

利津河务局开发的白酒系列产品（崔光摄影）

十佳苗圃。2003 年，垦利县河务局成立鑫翰农业开发有限责任公司并与中国林科院合作，建成优质苗木示范园，实行公司化运作，采用苗木种植＋销售＋绿化工程一体化经营模式，获"东营市十佳苗圃"称号

·职工转岗·

利津河务局张滩河务段女职工赵桂枝转岗承包大棚搞种养，被评为山东省转岗再就业标兵（崔光摄影）

山东黄河河务局工委隋鲁霞主席（右三）与省妇联领导赴利津县黄河河务局看望转岗的女职工（崔光摄影）

利津河务局张滩河务段职工王岩转岗从事大棚种植和养猪（崔光摄影）

利津、东营区河务局先后发展了养鸡项目。图为东营河务局利用闲置房间改造的鸡舍（崔光摄影）

20世纪90年代垦利河务局第一个承包养羊的职工许孝喜

利津河务局张滩河务段女职工学织手套

· 林权拍卖 ·

2004 年 3 月，利津河务局将 1020.8 亩片林生长周期内林权及林地使用权一次性拍卖给职工。图为宫家河务段在县局领导的主持下，召集职工进行竞拍（崔光摄影）

宫家河务段职工在公开栏内选择竞拍项目（崔光摄影）

第二章
精神文明建设铸就辉煌业绩

▍抢险救人

在人民治黄 70 年的光辉历程中，黄河人始终秉承延续着一种理念，将自己所从事的事业视为一种"天职"，那就是"团结、拼搏、务实、开拓、奉献"的黄河精神，激励着黄河人去奋发，去努力，在履行"治理黄河、造福人民"的实践中，造就了一支有理想、有道德、有文化、有纪律的"四有"职工队伍。

枪林弹雨中，抗洪抢险的号子依然在大堤、险工响彻；洪水肆虐时，老河工苏峻岭在指挥沉占前冷静地向同事托付后事，用生命践行黄河人的"天职"；险工垮坝，共产党员朱福昌向领导主动请缨："我下去，我会泅水。"于是，他把绳子栓在腰上，潜到水下 4 米多深水下探摸埽根；黄河两岸，几乎年年都有黄河职工抢险救人的事迹发生⋯⋯2002 年 7 月调水调沙期间，一名村民不慎落入洪水，利津局职工刘岐等四人冒着生命危险将他从洪水中救出，上演了一出集体抢险救人的壮歌。河口局职工高度的精神情操还表现在历次的改革中，不计个人得失，积极拥护参与改革。近年来，管理局机关和所属四县区河务局均获得了"省级文明单位"荣誉称号，全局被东营市委、市政府命名为"文明系统""服务经济建设先进单位"。"人民满意单位""山东省富民兴鲁劳动奖状""抗洪抢险先进集体"⋯⋯一项项荣誉折射出河口黄河人以防洪保安全为"天职"，以河口治理为己任的精神节操。

王桂亭烈士

1984 年 9 月 30 日，利津修防段工人王桂亭为抢救落水职工光荣牺牲，利津县人民政府追认为革命烈士。图为王桂亭烈士追悼会会场（崔光摄影）

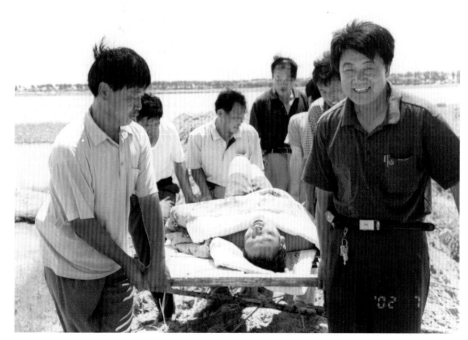

2002 年 7 月，利津局职工在黄河中抢救出一名落水村民，被东营市评为十佳文明新事之一（任洪彬摄影）

1985 年利津修防段一千二分段抢险救人（组照）

中共利津县委书记刘存吉主持大会，县长阎鹏山代表县委、县政府讲话并宣读表彰决定

1985 年 9 月 21 日，黄河第二次洪峰进入利津县境内，流量 6360 立方米每秒，水位 14.1 米。傅窝滩漫水。9 月 22 日，傅窝乡爱国二村九名村民抢收庄稼返回时船沉落水，其中有 3 名女村民。危急时刻，驻一千二分段参加防汛的干部及分段职工奋不顾身，跳入水中全力营救。黄河职工王志华不顾身患感冒，往返三次，将三名村民营救上岸。一个多小时后，落水村民全部获救。11 月 7 日，中共利津县委、县政府召开大会，隆重表彰 9 月 22 日抢救落水群众有关人员。大会授予一千二分段"抢险救人模范集体"称号，为黄河职工王志华记大功一次，綦湘训、刘继尧、李建业、张金桥、李德华、李建民等记功一次。宣读了中共利津县委、县政府《关于开展向一千二分段和优秀职工王志华学习的决定》（组照为崔光摄影）。

利津修防段段长宋成德讲话

东营修防处副主任张德一讲话

对抢险救人人员进行授奖

被救村民代表火凤脉汇报被救过程

王志华，1985 年获防汛抢险先进个人，1986 年被黄河委员会授予黄河系统劳动模范

黄河河口管理局赴四川抗震救灾

2008年5月12日，四川汶川发生8级大地震。黄河河口管理局即以山东黄河河务局第七机动抢险队（驻垦利黄河河务局）为主，抽调利津、河口河务局、管理局机关人员组成黄河防总第四机动抢险队于5月18日受命奔赴四川执行抗震救灾任务，在绵竹石亭江广济段实施河道主流疏通抢险。6月5日工程全面竣工，并通过了绵竹市水利局前线指挥部的验收，取得了入川抗震救灾第一战役的全面胜利。同日，由垦利河务局组织第二批25名抢险队员到达绵竹驻地，替换第一批队员，接受了绵竹马尾河水库除险任务，6月13日顺利完工并通过指挥部验收。两项工程共开挖、填筑、拆除土石方5.7万立方米，确保了工程质量与工期。根据黄河防总指示，第四抢险队于14日全队启程返回，16日全部人员安全抵达家中，圆满地完成了抗震救灾抢险任务。河口管理局两批共派出人员100名。管理局副局长刘建国、工会主席杨德胜先后带队入川。

河口管理局全体干部职工积极参与四川汶川大地震抢险救灾，全局933名职工自发捐款19.99万元，

384名党员缴纳特殊党费11.9万元，单位捐款39万元。

河口管理局组成的第四入川抗震救灾抢险队出色的表现受到了各级党委政府的好评并获得多项荣誉：被全国总工会授予"抗震救灾重建家园工人先锋号"称号；被中共山东省委组织部授予"支援抗震救灾先进基层党组织"称号；被东营市委市政府表彰为"支援四川抗震救灾先进单位"（东委〔2008〕34号）；被山东河务局授予"山东黄河抗震救灾先进集体"称号；刘建国被山东省委组织部授予"支援抗震救灾优秀共产党员"称号；蒋义奎、李梅宏被市委组织部表彰为"支援抗震救

利津黄河河务局抗震救灾抢险队出发前合影（崔光摄影）

灾优秀共产党员"称号；中共东营市委、东营市人民政府还为河口管理局抗震救灾抢险队队员记功和通报表彰，其中有12名职工被记二等功，31名职工记三等功，57名职工获先进个人称号。

抢险车辆浩浩荡荡奔赴四川汶川（李先臣摄影）

一铲一铲装载（蒋义奎摄影）

加快施工步伐（蒋义奎摄影）

垦利河务局有8名抢险队员坚持到最后撤离（李先臣摄影）　　　　　　载誉归来的抢险队员（崔慧滢摄影）

河口管理局副局长刘建国做抗震救灾事迹报告（崔光摄影）　利津县县长李延成向抢险队队员献花表示慰问（崔慧滢摄影）　利津河务局抢险队员唐强一家团聚（崔慧滢摄影）

党旗在灾区飘扬，抢险队员积极向党组织靠拢（蒋义奎摄影）　锦旗凝聚着赴川将士的汗水（蒋义奎摄影）　被全国总工会授予"抗震救灾重建家园工人先锋号"称号

黄河防总第四机动抢险

赴四川抗震救灾留念

2008.06　绵竹

丰富多彩的文化生活

① ②
③
④ ⑤

① 1994年在垦利河务局举行国庆文艺汇演，图为利津河务局自编自演的快板书《夸夸咱的河务段》剧照（崔光摄影）

② 20世纪90年代初垦利河务局职工参加全县元宵节文艺汇演（刘亮亮提供）

③ 由黄河职工表演的龙灯受到群众欢迎（崔光摄影）

④ 《四个婆婆夸媳妇》剧照

⑤ 利津河务局自编自演的化装快板剧《四个婆婆夸媳妇》荣获省局汇演特等奖，图为主演张志春（崔光摄影）

奋力一搏（高冬柏摄影）

黄河职工自行车队（巴彦斌摄影）

黄河职工参加大合唱比赛（崔光摄影）

职工摄影作品：黄河人风采

夺标（蒋义奎摄影）

抢险小憩（崔光摄影）

背影（王洪禄摄影）

黄河测水人（崔光摄影）

苦练精兵（孙志遥摄影）

一丝不苟（张立传摄影）

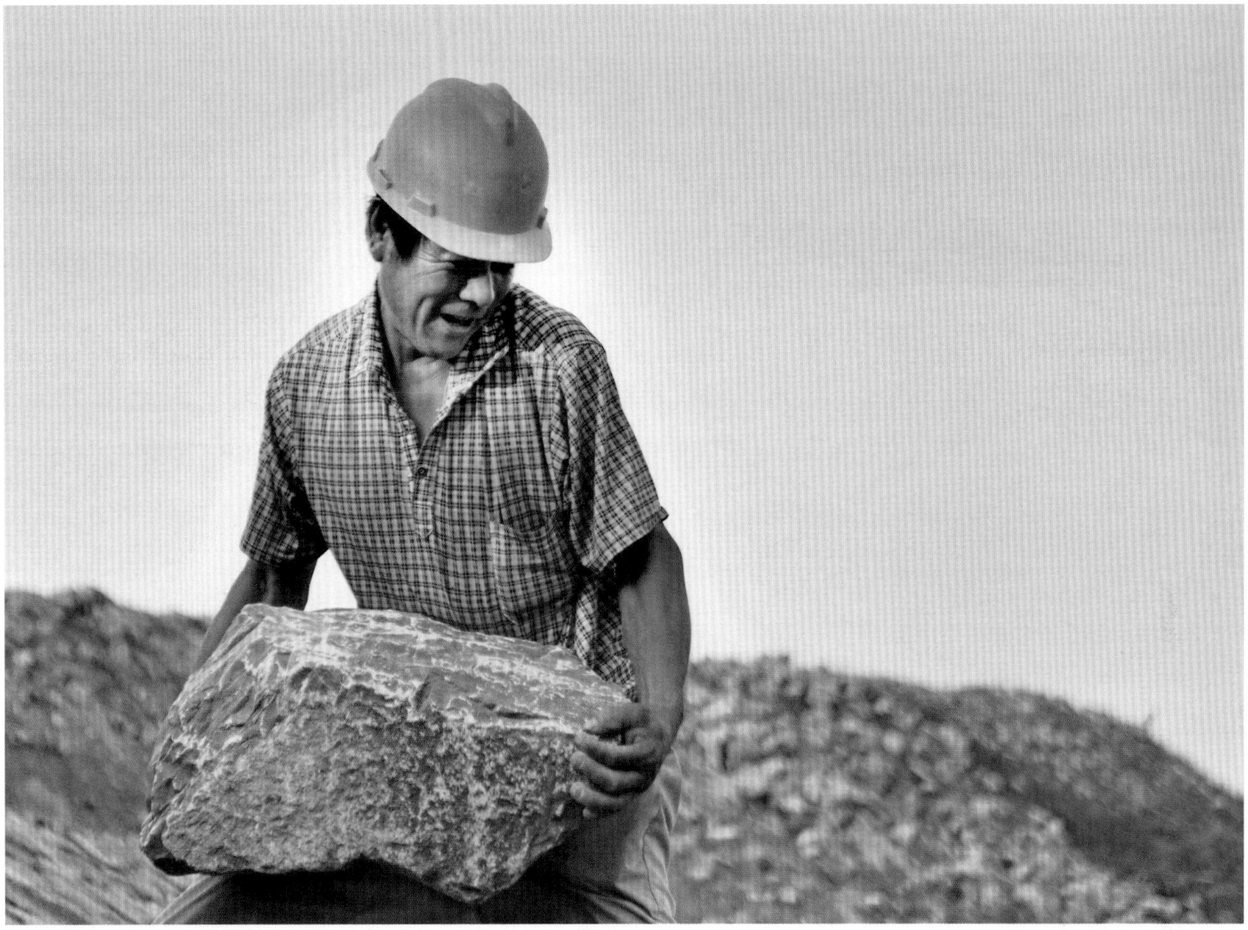
黄河埽工风采（孙志遥摄影）

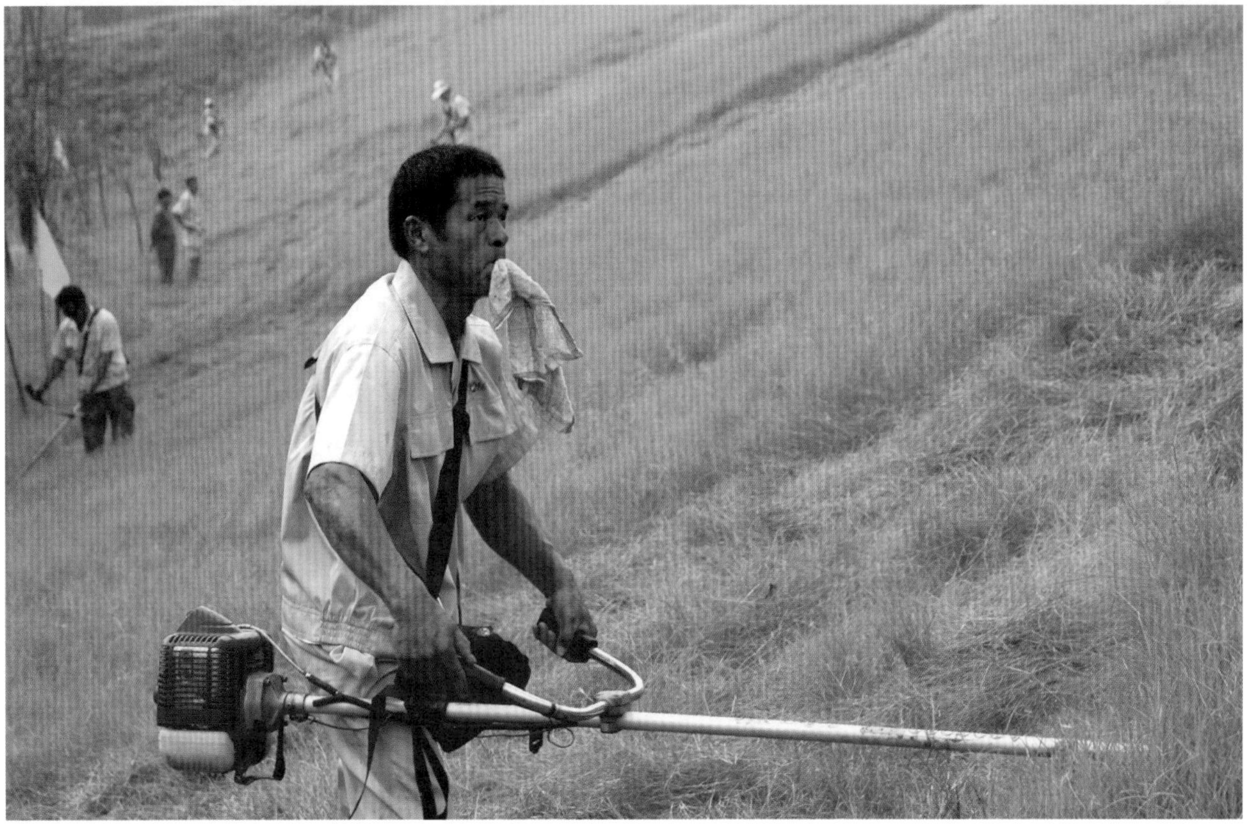
养护技能竞赛（崔光摄影）

第三章
劳模人物

于佐堂（1899~1982）

▌ 全国劳模、治黄特等功臣于佐堂

于佐堂（1899~1982），利津县北宋镇于家村人。生于贫寒之家，1921年投身河工，先后当汛兵、工班班长、汛目，后升任北六分段第三防守汛汛长。1937年5月因黄河改道入淮，遂回家务农。1947年春黄河复归故道，于佐堂加入治黄队伍，在利津修防段（初称治河办事处）先后任副股长、工程队队长等职。

1949年秋汛，王庄堤段险情严重，急需石料抛护，但全段却只存300立方米石料，杯水车薪。于佐堂凭多年治黄经验，断然以万余条麻袋装入红泥3400余立方米抛至河中，代替石料护根，防止了险情扩大。垦利一号坝、左家庄两地抢险员工如法仿效，相继化险为夷。1947~1949年，于佐堂在治黄斗争中多次扭转险局，三年内荣立一等功3次、特等功1次。1950年苏北潮河决口，屡塞不成，应华东水利部的邀请，于佐堂率领工程队赴工，他根据当地"油泥"河底的特点，改以秸料进占，迅速合龙成功。1951年春堵复王庄凌汛决口口门，他不顾寒水刺骨，带领工人下水打桩，编柳缓溜落淤。1955年五庄堵口时，他率领工人、民工苦练操作技术，在风雪中昼夜施工，两眼熬得红肿，仍不肯休息，一直坚持到合龙。

于佐堂凭多年经验，在治黄工作中注意对河势工情进行调查研究，坚持防患于未然的治河思想，对河道治理和修防提出了许多合理建议和主张，避免了许多损失。

于佐堂在治黄战线上享有盛名，曾荣获全国劳动模范及山东省劳动模范、黄委会劳动模范等称号。1950年9月被选为全国劳模代表赴京出席全国第一届工农兵劳模大会。1954年起又连续当选为山东省第一、二、三届人大代表。

利津县治黄模范于佐堂（右）在参加生产劳动

图为于佐堂驻守过的王庄险工，1947年、1949年他在此组织抢险数次，身先士卒，力挽狂澜，荣立特等功（崔光摄影）

于佐堂故居，2013年被利津县列入文物保护名录（崔光摄影）

20世纪50年代初于佐堂事迹材料

于佐堂在山东河务局欢迎参加全国劳模大会上的讲话（原载《人民黄河》）

于佐堂履历表

特等劳模王锡栋

王锡栋（1929~2016）（蒋义奎摄影）

1989年，王锡栋向时任国务院副总理的田纪云汇报河口治理情况

王锡栋，中共党员。1929年11月11日出生于山东省昌乐县和头乡北崔家庄村，1949年1月参加治黄工作，先后任山东黄河河务局测量队队员、惠民修防处工务科技术员、利津黄河修防段工务股技术员；1952年后曾任滨县修防段工务股副股长、惠民修防段工务股股长、东平湖防汛指挥部马口指挥所指挥长、惠民黄河修防处工务科副科长和科长。1983年9月至1995年2月，先后任东营修防处、东营市黄河河务局、黄河河口管理局党组成员和主任工程师。其间先后担任过东营市胜利油田黄河河口疏浚指挥部指挥、惠民地区水利学会副理事长、东营市水利学会理事长、黄河三角洲经济社会发展研究会理事、山东省水利学会理事、政协东营市委员会委员、常委等职务。1995年3月离职休养。

王锡栋同志心系黄河安危，献毕生心血于治河大业，他先后荣获过山东省科协系统先进工作者、山东省优秀科技工作者、山东黄河河务局劳动模范、黄河水利委员会特等劳动模范、水利电力系统劳动模范、山东省委、省政府"科教兴鲁"先进工作者、"东营市30位为新中国成立、建设做出突出贡献的英雄模范人物"和水利部"长期奉献水利优秀人员"等荣誉称号。离休后，他仍关心黄河事业发展，积极为单位发展建言献策，受到领导和同志们的广泛赞誉和好评。2016年11月8日，王锡栋同志在东营市人民医院不幸去世，享年88岁。

写在墙上的遗书

张相农（1927~1991）（崔光摄于1984年）

利津河务局原工务股副股长张相农在去世前一天，用左手（当时右手已不能抬起）在墙上写下了30个字的遗书。全文是："丙勋们，我已无望，事后，向领导回（汇）报，一切从俭，不要开什么会，派车火化、埋掉。"遗书写在他临终前睡的床头左侧——用旧报纸和元书纸裱糊的土坯墙壁上，用铅笔，说了四件事。每个字虽大小不一，但都如刀刻斧凿，有的字穿透墙纸，字迹留在了墙壁上。一生中从未向领导提出个人要求的"老黄河"，在他生命走到极限的时候，请求的竟是一切从俭、不开追悼会和遗体火化。火化，他是村里最早的一位。

张相农退休后，参与编写了利津县治黄史上第一部黄河专业志。作为特聘抢险技术指导，在他去世前的几年里，他带着病体参加、指导了清7截流和在利津、垦利等地举行的数次大型抢险演习。张相农生前先后被黄委、山东省委授予"老干部先进工作者"称号。

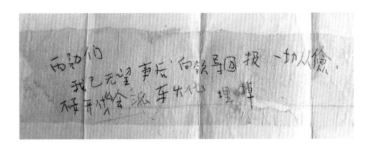

张相农用左手写在墙上的遗书

张相农在清7截流工地上（左一）（崔光摄于1988年6月）

一张特殊的立功奖状

　　黄委劳模、利津县黄河河务局原离休干部魏双荣珍藏着一张 1949 年中华人民共和国成立前夕颁发的治河立功奖状。奖状证明，"魏双荣同志积极响应治河立功号召，在治河工作中经立功委员会评定为三等功劳二个"。落款是"主任　王卓如"（时任山东省渤海区行政公署主任、渤海区防汛总指挥部政委），时间是"中华民国三十八年九月七日"，即 1949 年 9 月 7 日。

　　这是一张带着深深时代烙印的奖状。奖状一尺见方，纸质为较厚的元书纸，套色木刻油印，红蓝两色。其设计可谓匠心独运，上方中间为毛泽东头像，目视远方，神采奕奕。右边是即将夺取全国胜利的中国共产党的党旗，图案是镰刀斧头；左边是中华民国国旗。奖状的设计真实地反映了一个历史现状。同时，设计者把"功在人民"四个空心隶书大字以暗徽的形式隐藏在正文里边，只有迎着光明才能显现。不言而喻，整张奖状的设计意图旨在突出：人民，只有人民才是创造历史的真正动力。魏双荣是在治河修堤认真负责，不循私情，严把质量关而荣获三等功两个。

魏双荣（1921~2001）

魏双荣 1949 年荣获的奖状（张振峰摄影）

雪域高原黄河人

马新国，黄河河口管理局供水分局宫家闸管所所长。他于2004年赴藏援助，先后任西藏自治区水利厅防汛抢险队机械队队员、代理队长。三年来，他以不畏艰难、勇于奉献的"铁人精神"带队实施了世界首次高原冰湖抢险，受到了西藏自治区水利厅以及当地政府领导的高度评价，他的事迹被《中国西藏》《西藏日报》分别进行了宣传报道。2007年3月，被评为山东黄河河务局"十佳职工"。

马新国（左）在高原施工时接受拉萨电视台采访

冰湖抢险勇士胜利归队，左五为马新国

刘彤宇在北京全国技术能手授奖大会上

全国技术能手刘彤宇

刘彤宇，生于1962年10月，1979年参加治黄工作，黄河河口管理局利津黄河河务局河道修防工高级技师。作为黄河抢险技术骨干，他参加了历次黄河调水调沙和洪水防御工作，成功抢护各类险情20余次，在防洪保安全中发挥了关键作用。2013年7月丁家控导9~12号土坝基出现坍塌，凭借多年抢险经验，他采取"抢点固线"和传统挂柳防浪相结合的措施，确保了工程安全。

科技发明、技术创新硕果累累。十几年来，他先后主持、参与技术革新的项目19项。其中主持研制的《一种安全杆》《一种机拖顺坡器》获国家知识产权局实用性专利。研制的自行风送式高射程喷药机，其工作效率为人工喷药的12倍，同时具备安全、省力劳动强度低特点，社会、经济效益显著。

工作中善于钻研，他创造发明的技术"绝招"在工程施工中发挥了重要作用。如在大堤帮宽及道路工程施工中发明的"断面面积快速计算法"，大大提高了工作效率，节约了人力和物力。他在黄河河口管理局、县局组织的防汛抢险技术知识培训中多次担任技术指导和教员，先后培训学员9期200余人次，其中10人晋升高级技师，1人获黄河水利委员会"全河技术能手"称号，2人获山东省首席技师、全国水利技术能手。

近年来，刘彤宇先后获得人力资源与社会保障部颁发的水利工程管理"国家职业技能鉴定高级考评员"资格和"山东省首席技师""全国水利技能大奖""全国水利技术能手""全河技术能手"等荣誉称号，被纳入山东省高层次人才库。2016年12月8日，参加了在北京召开的第十三届高技能人才表彰大会，被授予"全国技术能手"称号。

1996年刘彤宇（右一）在清8出汊工地上

刘彤宇（右）在辅导年青职工（巴彦斌摄影）

1983年垦利修防段段长张荣安（前左一）与参加黄委治黄总结表彰大会的劳模合影（后排左起为宋桂先、王德林、朱景华，前排右一为张温藻）

1986年利津局召开劳模座谈会时合影（前排左起为黄委劳模王吉汝、魏双荣，后排左一、左四为黄委劳模王志华、綦湘训、杨建亭）

2002年管理局领导与劳模合影（第三排左起为王功利、韩宝信、李维志、张秀泉、赵河东、宋桂先、史胜田，第二排左起为赵桂芝、李和清、孟繁学、李清民、杨建亭、吴光宗、王志华、史汝国，第一排左起为王全信、张同会、宋呈德、贾振余、王锡栋、郭少华、刘新社）

2005 年 5 月在黄委劳动模范会议上，山东河务局领导与山东河务局与会劳模合影，河口管理局杨德胜（前排左二）、胡振荣（中排左八）、刘航东（中排左九）作为劳模代表参加了会议（刘航东提供）

山东省富民兴鲁劳动奖状颁奖仪式

第四章
治黄改革　持续推进

▌治黄改革

　　稳妥实施了机构改革，重点强化了防汛抗旱、水行政管理、水资源开发利用、工程建设与管理等职能。党的十八届三中全会以来，围绕"事业发展、职工关切"两大主题，积极实施深化治黄改革，有序推进了水管体制、水行政综合执法、纪检监察体制改革、抢险队整合等改革举措，稳步实施事业单位绩效工资改革，理顺了体制机制，改革初见成效。

　　长期以来，黄河工程管理单位一直沿用"专管与群管相结合""修、防、管、营"四位一体的管理体制。2004 年，黄委在全河确定 22 个单位为"管养分离"改革试点，利津河务局是试点单位之一。按照"事企分开、产权清晰、权责明确、管理科学、经营规范、管养分离"的原则，改革为由市级河务局管理的县级河务局、维修养护单位和其他企业等三种类型的单位，实现管理单位、维修养护单位和其他企业在机构、人员、资产上的彻底分离，县级河务局与维修养护单位和其他企业单位之间建立起平等主体关系，为合同化管理确立前提。

　　2005 年 6 月 5~13 日，利津黄河河务局水管体制改革全面完成。2006 年在管理局所属县（区）级单位全面推开。

2005 年 6 月 5 日，水管体制改革试点单位利津河务局动员大会会场之一（崔光摄影）

水管体制改革试点单位利津河务局动员大会会场之二

2007 年 8 月 29 日上午，黄河河口管理局黄河工程维修养护技能竞赛在利津河务局张滩险工拉开帷幕。这是对水管体制改革后工程维修养护人员劳动技能状况的首次检阅。来自垦利、利津、东营、河口四个养护分公司的 42 名养护职工参加了草皮修剪、树株涂白和推土机整修堤坡三个项目的角逐（崔光摄影）

养护人员在进行堤顶养护（崔光摄影）

养护技能竞赛项目之铲运机大堤堤坡整平（崔光摄影）

河口管理局接纳转产分流职工

2008 年，山东黄河水泥厂职工实施转产分流，有 40 名职工调往河口管理局安家落户，分别安置在垦利、河口河务局。两个单位做了精心准备，翻修了宿舍，购置了床、被、桌、椅等生活用品，对他们的工作因人制宜酌情安排。其中河口区河务局投资 30 多万元，把西河口河务段进行了修葺，对家属院进行了装修，使新来的职工感受到了家的温暖。

山东黄河水泥厂转产分流职工先后到垦利、河口河务局报到

欢迎仪式

分流职工在刚刚安置的新家中

第五章
科技创新活动

20世纪80年代以后，按照"科技兴黄"的方针，组织职工围绕防汛抢险、防洪工程建设和河口治理等领域的热点、难点问题，开展科技创新活动。通过逐步完善科技管理体制，有针对性地确定研究课题，制定激励政策，组织干部职工开展以基础研究为先导、以应用研究为重点、以推广应用为支撑的"小发明、小革新、小创造"等群众性技术革新和学术交流活动。主要成果如闸门升降指示表的推广应用、挖塘机和汇流泥浆泵组合输沙试验研究、捆枕器、黄河淤背区灌溉缓冲装置、汇流集浆器组合系统研制及跨河穿堤取沙施工技术研究、黄河河口南防洪堤生物植被实验工程、大堤绿化抗盐碱技术研究等项目效益明显影响深远。如由利津河务局赵安平、冯景和、杨德胜、孟祥文、李长海等人完成的挖塘机和汇流泥浆泵组合输沙试验研究为国内领先水平，该成果由于系统结构简单、操作方便、输沙效率高、距离远，在济南、东营、滨洲、淄博、德州等地市局的黄河机淤固堤工程施工中推广应用。

山东省首席技师，涵闸管理员崔文君于1989年研制成功"闸门升降指示表"，经东营修防处评估鉴定，节水效能达百分之三十，获当年科技成果一等奖，其后，在60多座引黄闸中被应用推广（崔光摄影）

2001年度防汛抢险新机具演示，垦利河务局在进行简易捆枕铅丝笼机的演示（刘亮亮提供）

应用于东坝控导上延工程中的铰链式模袋混凝土技术

在挖河固堤中使用的汇流集浆器

在 2008 年山东黄河河务局召开的"落实科学发展观观摩会"上，与会人员对张滩管理段高级技师裴建军发明的水位自动观测仪产生了兴趣。图为裴建军向袁崇仁局长介绍他的发明项目（崔光摄影）

2007 年在利津河务局举办的应用技术创新成果演示会场。职工们站在各自的创新项目前（崔光摄影）

河口区河务局利用职工自己研制的坡面割草机清除堤坡杂草（赵性昌摄于 2015 年）

第六章
黄河河口风光

▌黄河口湿地——"母亲河"馈赠的生命文化景观

　　黄河入海口湿地以它特有的魅力与功能而蜚声海内外。1992 年，它被国务院批准为国家级自然保护区。被誉为地球暖温带最广阔、最完整、最年轻、不断增长的湿地生态系统。同时它也是黄河生命的符号，黄河治理的晴雨表。随着"维持黄河健康生命"这一黄河治理新理念的确立，黄河口湿地从黄河断流导致的濒危中得以再生。黄河水量统一调度，高科技含量的生态补水，黄河入海口湿地又重新以新、奇、特、旷、野为主要特征的生命美学景观展现在世人面前。据最新综合考察认定，黄河口湿地有各种野生动物 1543 种，其中水生动物 641 种，鸟类 283 种，属国家一级重点保护的东方白鹳、丹顶鹤、中华沙秋雁等达 9 种，属国家二级重点保护的大天鹅、小天鹅、黑脸琵鹭等 41 种。这里有各种野生植物 40 多科 110 多属 160 多种。

多彩湿地

芦荻秋风唱大河（崔光摄影）

黄河口赶海人（崔光摄影）

金秋黄河口——生态补水后的黄河入海口湿地风光（崔光摄影）

故道风光

2010年9月的黄河神仙沟故道（张立传摄影）

2013年7月的黄河刁口河故道（张立传摄影）

芦花飞雪（崔光摄影）

黄河入海奇观

2007年媒体聚集黄河调水调沙（崔光摄影）

黄河入海口造陆（胡友文摄影）

黄河入海口处的观景台（崔光摄影）

洪荒之力（万军摄影）

控导今昔

1987 年的东关控导下首（崔光摄影）

1988 年的利津东关 2~3 号坝垛（崔光摄影）

1988 年的利津东关控导顺滩路，右为 2~3 号坝垛（崔光摄影）

2016 年 8 月利津东关控导顺滩路（巴彦斌摄影）

东关控导工程 始修于 1955 年，初为张滩护滩和东关护滩，后两处工程上下连接。工程长度 1791m，护砌长度 1566m，坝垛 16 段，近年来，利津县委、县政府不断加大黄河外滩的开发力度，先后建成外滩广场、黄河栈道等景点

2016 年 8 月的东关下首

2014 年 7 月 6 日，西河口控导工程（张立传摄影）

利津河务局东关控导

滩区风光

黄河口滩区（崔光摄影）

黄河口滩区风光（李忠 2014 年 5 月拍摄于东营黄河口滩区）

堤防 险工

东营市境内黄河河道弯曲险峻，其中宫家至王庄段，素有"窄胡同"之称，最窄处小李险工至对岸仅 460 米。因此，黄河河口素以防洪任务大，险情发生概率高而闻名全河。进入新时期，国家加大投资力度，增高加固大堤，改建、接长险工，修筑、改造控导工程，同时通过锥探灌浆、淤背固堤、堤防截渗、堤顶硬化、挖河固堤等措施，使整个堤防抗洪能力得到了空前提高。2012 年以来，随着标准化堤防建设和旅游事业的发展，黄河河口管理局在提高险工工程抗洪强度和加强管理的同时，注重景观建设并赋于浓郁的黄河文化内涵。波澜壮阔的大河，雄伟险峻的险工，葱郁蜿蜒的林带与堤防形成了一道极富特色的旅游景观带。

东大堤现状（高照明摄影）

(孙长江摄影)

2012 年 11 月 7 日的河口北大堤（张立传摄影）

2016 年 11 月的河口北大堤背河堤坡及后戗（张立传摄影）

黄河口右岸堤防（航拍截图，利津河务局提供）

实施了黄河堤防绿化美化，营造了良好的人居环境，形成了唯一、独特的黄河口文化新景观。大力开展植树绿化，种植防浪林 49.15 公里。沿黄两岸临河防浪林、堤顶行道林、背河生态林，已经成为一道名副其实的绿色生态长廊和防沙御沙屏障。在重点险工堤段开展了景区建设和绿化美化，建成国家级水利风景区 2 处，全部石化的险工更加伟岸挺拔，与巍巍堤防连缀在一起，在绿树、碧草、亭榭、游廊、假山的衬托下，宛如一副长卷画轴，向大海迤逦铺开。利津河务局被评为山东省绿化先进单位。在东营市三年增绿规划中，市政府将投资绿化黄河大堤走廊，在临黄堤内侧建设 30~50 米宽防浪林，大堤外侧和南展大堤两侧各建设 500 米宽生态防护林带，积极改善沿黄生态，为群众创造良好的生活环境。

义和险工始建于 1949 年，工程长度 2470 米，护砌长度 1914 米，现有坝岸 71 段（高冬柏摄影）

1998 年的宫家险工（崔光摄影）

张滩险工始建于清光绪十七年（1891年），为利津县城之门户，历史上曾屡出大险。20世纪90年代后因河势变化渐次脱险。工程长度692米，护砌长度797米，工程在编坝号20段（2016年航拍，利津河务局提供）

宫家险工为黄河进入东营市上首左岸第一处险工，与麻湾险工成黄河下游三十公里窄胡同之门户。迎洪抗溜，十分险要，亦为黄河下游著名险工之一。1921年宫坝决口、1955年凌汛决口均发生在此处。工程长度2080米，护砌长度2717米，共有58段坝岸（2016年航拍，利津河务局提供）

小李险工位于左岸利津黄河境内，始建于清光绪九年（1883年），此险工位于山东黄河下游最窄河段处，距对岸险工处仅为464米。因此处较为顺直，吃溜均匀。工程长度1284米，护砌长度1201米，共有30段坝岸（2016年航拍，利津河务局提供）

利津黄河綦家嘴险工位于黄河左岸，始建于清光绪二十八年（1902年）工程长度810米，共有24段坝岸。山东黄河第一座引黄涵闸就建在它的上首（2016年航拍，利津河务局提供）

王庄险工（崔光摄影）

2016年11月15日，三十公里险工（张立传摄影）

黄河埽工文化。因水流方向而修的埽坝有顺厢、丁厢；因埽的形状而分磨盘、鱼鳞、月牙、雁翅等；因埽的作用又分当家埽、护沿埽等。险工上的坝也有多种：因料不同有石坝、砖坝、灰土坝；因作用不同又分挑水、迎水、顺水、拦河、潜水坝等。图为2001年的宫家险工石坝（崔光摄影）

天然氧吧——利津东关护滩路（崔慧中摄影）

正觉寺黄河决口遗址纪念碑
Zheng Jue Si Huang He Jue Kou Yi Zhi Ji Nian Bei

矗立在麻湾险工上的正觉寺决口遗址碑（崔光摄影）

黄河工程（梅涛摄影）

常庄险工上的百年老柳（李先臣摄影）

常庄险工，位于垦利区西北方向黄河右岸，坐落于胜坨镇境内。1898年开始修建，历经多次改建加固，1999年11月建成现状。险工的材质为石料砌筑。工程长度1620米，坝5段、护岸34段

第七章
黄河纪事

▍传·帮·带

20 世纪 60 年代初，利津修防段老河工马成福在向年轻职工传授黄河埽工技术

退休老班长赵献岐为年青职工示范打桩（崔光摄影）

1992 年利津段举办抢险技术竞赛时，没有参加竞赛的管理人员也都拿起油锤（崔光摄影）

2002 年，利津河务局离休干部刘同昌向孩子们讲述第一次大复堤时的情形（崔光摄影）

▌横渡黄河

1968 年 7 月，为纪念毛泽东畅游长江一周
年，利津县在县城东关控导 1 号坝头举办
了横渡黄河活动。图为县一中参加横渡黄
河的高中学生合影（刘怀禹提供）

▌黄河寿星

黄河寿星李金玉，利津局退休职工，出生于 1914 年 7
月，是黄河上为数不多的百岁寿星。2015 年 7 月 28
日利津河务局为其祝寿，并送去了有黄委主任签名的
贺卡（崔光摄影）

黄河水体纪念碑

  坐落在东营市东城清风湖公园南端，是系统反映黄河文化的大型观念艺术作品，又称"AGEPASS——黄河的渡过"。1995年4月竣工，6月17日举行落成典礼。碑体长790米，高2.5米，宽0.9米，由岩石基座和1093个盛有黄河水样的方形玻璃水罐组成。黄河水样系统在同一时刻（1994年8月27日10时）从黄河源头到入海口每隔5千米提取水样0.5立方米，分别注入刻有取水位置（经纬度）的方形玻璃水罐中。碑体中的水样包括了黄河整个流程的含沙量沿程变化，从抽象角度体现宇宙万事万物的渡过过程，寓意于人类的互助合作精神和相互依存关系。纪念碑由旅美画家陈强先生策划，由时任全国政协主席李瑞环题写碑名。

黄河水体纪念碑竣工典礼

黄河水体纪念碑（崔光摄影）

王旺庄枢纽工程遗址

王旺庄枢纽工程位于利津黄河丁家控导左侧，它上马的初衷是想提高黄河水位，便于引黄灌溉，故又称壅水枢纽工程。工程于 1960 年 1 月动工兴建，主体工程包括拦河泄洪闸及引河、拦河土坝，顺黄船闸及两岸穿黄船闸，防沙闸及保护滩区群众的防洪堤等。拦河泄洪闸设在北岸滩地上，闸型为开敞式钢筋混凝土结构，共 24 孔，每孔宽 10 米。

它与黄河下游其他 5 处枢纽一样，脱离实际，仓促上马，是盲目冒进下的不科学、不理性的决策。人们对自然规律的忽视，对黄河泥沙问题的严重性估计不足，是造成枢纽工程夭折的根本原因。

拦河闸遗迹（崔光摄影）

山东王旺庄水利枢纽工程拦河闸遗迹。坐落于利津丁家控导西侧（崔光摄影）

黄河河口管理局历任主要负责人

姓 名	职 务	任职时间
杨洪献	东营黄河修防处主任	1983-09~1990-02
袁崇仁	东营黄河修防处主任	1990-02~1990-12
	东营市黄河河务局局长	1990-12~1991-03
王曰中	黄河河口管理局局长	1991-04~1992-09
袁崇仁	黄河河口管理局局长	1992-09~1995-08
宋振华	黄河河口管理局局长	1995-11~1998-11
王昌慈	黄河河口管理局局长	1998-11~2001-09
贾振余	黄河河口管理局局长	2001-09~2010-07
刘景国	黄河河口管理局局长	2010-07~2013-03
李振玉	黄河河口管理局局长	2013-11~

杨洪献（右一），1983年9月至1990年2月任东营黄河修防处主任

袁崇仁，自1990年2月至1995年8月，先后任东营黄河修防处主任，东营市黄河河务局局长，黄河河口管理局副局长、局长

王曰中（左），1991年4月至1992年9月任黄河河口管理局局长

①	②
	③
④	⑤

① 宋振华（中），1995 年 11 月至 1998 年 11 月任黄河河口管理局局长

② 王昌慈（左二），1998 年 11 月至 2001 年 9 月任黄河河口管理局局长

③ 贾振余（左一），2001 年 9 月至 2010 年 7 月任黄河河口管理局局长（崔光摄影）

④ 刘景国（右），2010 年 7 月至 2013 年 3 月任黄河河口管理局局长

⑤ 李振玉（前中），2013 年 11 月至今任黄河河口管理局局长（张立传摄影）

后 记

文以载道。我们了解历史，往往是从阅读开始的。但历史又是可以直观的，可以触摸的，如汉画石、文物等。自从发明了照相技术，人们又可以直观地通过图片去见证、了解历史，获得文字所不能给予的感知。

二十年前，笔者从废纸堆中发现了一本陈旧泛黄的画册《黄河》，这是一部由黄河水利委员会编辑、河南人民出版社出版，收录了240幅自1946年至1955年人民治黄以来的黄河治理图片。每当翻阅这部画册，心底总涌动着一种无法言传的震撼，一幅幅满载历史沧桑的图片，是那样鲜活地把你引入那个火热的年代，人民治黄初期艰苦卓绝的斗争情景、中国共产党与解放区人民团结一致力挽狂澜的真实画面，不用多少语言，你就会有身临其境的感触。

从那时起，就有了编辑一部人民治黄图片集的想法，十几年来，十分留心老照片的收集和保存，特别是民间散落的有关治黄的老照片，尤其珍贵。如1976年罗家屋子人工截流黄河改道清水沟这一重大事件的照片，是原利津文化馆创作员张仲良先生拍摄的。利津摄影家协会主席孟繁俭介绍说，截流改道成功祝捷大会上，只有仲良老师手持120相机拍摄了这组照片。他得知后，特地到张仲良处对这组照片进行了拷贝。在这里，还要感谢和怀念已故原山东河务局副局长张汝淮老人，他在临终前将三张照片交付给子女，嘱其好好保存。一张是人民治黄初期利津治河办事处全体干部职工合影，另外两张是1944年利津县抗日民主政府成立时县长与各办事机构主要负责人的合影。这三张老照片，分别填补了人民治黄史和地方党史资料的空白。

改革开放以来，照相机走进千家万户，单位保存声像资料的手段也在不断更新，相机成为不可或缺的积存资料的重要工具。三十年来人民治黄历程中的一些重大事件，几乎都有影像留存。在人民治黄70周年之际，编辑一部黄河口人民治黄图集的愿望愈加迫切。在管理局领导的关心支持下，再拾旧念，梳理思路，将"图片集"升级为"图鉴"，从4000多幅照片、底片中选出600余幅，分为上、中、下三个篇章，通过全景式的展现手段，图文并茂地再现黄河口人民治黄的光辉历程。

在搜集图片、编辑成书过程中，各基层单位及摄影爱好者给予了大力支持帮助，特别是老一代黄河人以及他们的子女，提供了一些非常有价值的资料，为此书的内容增加了分量。如已故原济南修防处主任司继彦同志，他在利津河务局工作多年，早在2001年就把自己保存了几十年有关黄河工程建设的老照片贡献了出来，先后编入《东营图志》《东营地方影像志》等史志资料图书。在这里，还要感谢那些无法查找到姓名的图片拍摄者，仅能把他们的灵感与责任留存于史。

限于水平，本书存在不少缺陷和不足，在图片的搜集、挖掘方面尚有潜力可挖。期待各位读者提出宝贵意见，以利下一步工作的改进。

编 者

王庄险工迎水形势（航拍）

中州艺术

油画）何红舟 黄发祥 作

THE ART OF ZHONGZHOU

二〇一七年第三期

2017.03
THE ART
OF
ZHONGZHOU

第十四届河南省戏剧大赛暨新创剧目
展演活动隆重举行

　　2017年9月17日，"舞台艺术展风采，喜迎党的十九大——第十四届河南省戏剧大赛暨新创剧目展演活动"在驻马店市会展中心开幕。本届大赛由河南省文化厅、驻马店市人民政府共同主办，驻马店市文化广电新闻出版局、河南省文化艺术研究院承办。河南省戏剧大赛是我省专业艺术的最高赛事，每三年一届，已连续举办了13届。第十四届河南省戏剧大赛暨新创剧目展演活动于2017年9月17日至11月11日期间在驻马店市集中现场决赛、展演。其中，省市级院团组决赛时间为9月17日至9月29日，县区级及民营院团组决赛时间为10月31日至11月11日。决赛由大赛组委会组织评委现场观看参赛剧目并进行评审，最终产生河南文华大奖、文华优秀剧目奖、文华演出奖以及河南文华表演奖、文华剧作奖、文华导演奖、文华音乐创作奖、文华舞台美术奖等单项奖。

　　10月11日至15日，郑州
干培训班在郑州市如期开班，
结束时，举行了简短的结业f

　　培训以讲座的形式，对
班邀请著名戏曲理论家、博
戏曲导演艺术家、河南省导
家、河南省戏剧家协会副主
家、河南省文艺评论家协会
乐家、中国戏曲学院客座教
家、河南省舞台美术学会副
研究院国家一级导演、国家
剧、作曲、表演、舞美、理
解国家扶持戏曲发展政策、
设计、舞美设计等戏曲表演f

　　本次培训由郑州市文化
市艺术创作研究院承办。参
戏曲表演团体及各县（市、
体的业务骨干和管理人员，其